职业教育"十三五"改革创新规划教材

变频器应用技术

董慧敏 主 编

程贵生 副主编

U0204249

清华大学出版社

北 京

内 容 简 介

本书依据高职高专装备制造大类专业的定位及变频器应用技术课程教学要求,综合考虑行业企业标准及用人单位需求编写而成。

本书主要内容包括变频器基础知识、变频器的工作原理、MM420变频器的参数设定与运行、操作面板(BOP)基本调速、变频器外部端子基本调速、PLC和变频器联机调试、变频器的安装与维修、恒压供水变频调速控制、PLC的变频器控制指令USS等。

本书可作为高职高专装备制造大类相关专业教材,也可用于岗位培训用书。

图书在版编目(CIP)数据

变频器应用技术/董慧敏主编. —北京:清华大学出版社,2017(2022.6重印)
(职业教育"十三五"改革创新规划教材)
ISBN 978-7-302-44082-6

Ⅰ.①变… Ⅱ.①董… Ⅲ.①变频器-高等职业教育-教材 Ⅳ.①TM773

中国版本图书馆CIP数据核字(2016)第132442号

责任编辑:刘翰鹏
封面设计:张京京
责任校对:袁 芳
责任印制:宋 林

出版发行:清华大学出版社
网   址:http://www.tup.com.cn,http://www.wqbook.com
地   址:北京清华大学学研大厦A座   邮   编:100084
社 总 机:010-83470000   邮   购:010-62786544
投稿与读者服务:010-62776969,c-service@tup.tsinghua.edu.cn
质量反馈:010-62772015,zhiliang@tup.tsinghua.edu.cn
课件下载:http://www.tup.com.cn,010-62770175-4278
印 装 者:三河市龙大印装有限公司
经   销:全国新华书店
开   本:185mm×260mm   印   张:9.5   字   数:213千字
版   次:2017年1月第1版   印   次:2022年6月第6次印刷
定   价:29.00元

产品编号:070147-02

FOREWORD

前　言

随着科学技术的发展,变频技术的应用越来越广泛,并已渗透到人们的日常生活中。高职高专教育是以培养应用型、高技术技能型人才为目标的一种教育形式;高职高专教材的编写,应在保证一定的理论教学的基础上,注重学生的实际动手能力。本书在内容编排上以应用为重点,在变频器选型上,以目前国内自动化产品占有率比较高的西门子公司生产的 MM420 机型为对象进行介绍。本书共 9 个项目,每个项目都配套有相应的实训内容和实训检查与评价。

本书汇总了高职院校专家、教授、德国西门子公司及天海集团等企业高工和行业专家的意见和智慧,内容经过同行企业专家论证,核心技能满足机电类企业岗位能力需求,同时本书又结合机电类专业发展需要,融合了近几年全国高职高专技能竞赛内容以及维修电工职业资格认证知识内容,具有以下特色。

1. 紧扣大纲,定位准确

按照高职高专装备制造大类专业定位及变频器技术课程教学大纲的要求,综合考虑行业企业标准及用人单位需求来选取理论知识及实训内容,重点突出,针对性强。在内容安排上注重知识的渐进性,兼顾知识的系统性,强化学生的实践动手能力培养,是学生参加各类技能竞赛及职业资格鉴定的良师益友。

2. 采用"理论＋实践"互动模式

本书以大量的实例为载体,采用"理论＋实践"编写思路,通过理论与实践项目的互动体验,突出重点,化解难点,更好地掌握所学知识。

3. 本书内容设置与职业资格认证紧密结合

本书除了基础知识练习题、拓展提高练习题外,还将维修电工职业资格考试历年真题中涉及本书的内容附于附录中,不仅有利于学生职业资格鉴定练习,还充分体现了课程的重难点,使学生学习目标更加明确。

本书建议学时为 44 学时,具体学时分配见下表。

项　目	建议学时	项　目	建议学时	项　目	建议学时
项目 1	6	项目 4	2	项目 7	4
项目 2	8	项目 5	6	项目 8	4
项目 3	6	项目 6	6	项目 9	2
总计	44				

本书由鹤壁汽车工程职业学院董慧敏担任主编,程贵生担任副主编,鹤壁无线电四厂王洪欣担任主审。

本书在编写过程中参考了大量的文献资料,在此向文献资料的作者致以诚挚的谢意。由于编写时间及编者水平有限,书中难免有错误和不妥之处,恳请广大读者批评、指正。了解更多教材信息,请关注微信订阅号:Coibook。

编　者
2016 年 3 月

CONTENTS

目 录

项目1 变频器基础知识 ……………………………………………………………… 1

1.1 变频技术的发展 …………………………………………………………… 1

1.2 变频器的发展 ……………………………………………………………… 2

1.3 变频器的应用 ……………………………………………………………… 2

1.4 变频器典型全控型器件 …………………………………………………… 3

　　1.4.1 可关断晶闸管 ……………………………………………………… 3

　　1.4.2 电力晶体管 GTR ………………………………………………… 6

　　1.4.3 电力场效应晶体管 ……………………………………………… 10

　　1.4.4 绝缘栅双极型晶体管(IGBT) …………………………………… 16

实训任务 1 IGBT 的测试 ……………………………………………………… 21

项目 2 变频器的工作原理 ……………………………………………………… 24

2.1 逆变与变频 ……………………………………………………………… 24

　　2.1.1 逆变与变频的含义 ……………………………………………… 24

　　2.1.2 逆变和变频的两种类型 ………………………………………… 24

2.2 变频器的分类 …………………………………………………………… 26

2.3 变频器的组成及工作原理 ……………………………………………… 28

　　2.3.1 变频器主电路结构 ……………………………………………… 28

　　2.3.2 变频器的调速工作原理 ………………………………………… 31

实训任务 2 三相桥式有源逆变电路 ………………………………………… 34

项目 3 MM420 变频器的参数设定与运行 …………………………………… 38

3.1 MM420 变频器接线原理图 …………………………………………… 38

3.2 MM420 变频器的几种操作面板 ……………………………………… 40

3.3 基本操作面板的认知与操作 …………………………………………… 40

　　　　3.3.1　基本操作面板(BOP) ……………………………………………… 41

　　　　3.3.2　操作面板更改参数的数值 ………………………………………… 42

　　　　3.3.3　变频器常用的设定参数 …………………………………………… 43

　　　　3.3.4　将变频器复位为出厂设置 ………………………………………… 46

　　　　3.3.5　设置电动机参数 …………………………………………………… 47

　　3.4　MM420变频器运行参数 ……………………………………………… 48

　　　　3.4.1　常用频率参数 ……………………………………………………… 48

　　　　3.4.2　变频器加速、减速时间 …………………………………………… 49

　　3.5　运行电动机 ……………………………………………………………… 49

　　实训任务3　变频器功能参数设置与操作 ………………………………… 50

项目4　操作面板(BOP)基本调速 …………………………………………… 53

　　4.1　主要功能 ………………………………………………………………… 53

　　4.2　参数简要介绍 …………………………………………………………… 54

　　4.3　接线图 …………………………………………………………………… 54

　　4.4　变频器基本操作面板(BOP)运行状态参数设置 …………………… 55

　　4.5　操作控制 ………………………………………………………………… 55

　　实训任务4　变频器的面板操作与运行 …………………………………… 56

项目5　变频器外部端子基本调速 …………………………………………… 59

　　5.1　MM420变频器外部端子 ……………………………………………… 59

　　5.2　外部端子控制可逆运转及电位器调速 ………………………………… 61

　　　　5.2.1　接线图 ……………………………………………………………… 61

　　　　5.2.2　变频器基本操作面板(BOP)运行状态参数设置 ……………… 61

　　　　5.2.3　操作控制 …………………………………………………………… 62

　　5.3　数字端子控制电动机可逆运转 ………………………………………… 62

　　　　5.3.1　数字端子控制电动机可逆运转接线图 ………………………… 62

　　　　5.3.2　变频器基本操作面板(BOP)运行状态参数设置 ……………… 62

　　　　5.3.3　操作控制 …………………………………………………………… 63

　　5.4　变频器三段速固定频率控制 …………………………………………… 63

　　　　5.4.1　变频器三段速固定频率控制电路接线图 ……………………… 63

　　　　5.4.2　变频器基本操作面板(BOP)运行状态参数设置 ……………… 64

　　　　5.4.3　操作控制 …………………………………………………………… 64

　　实训任务5　变频器的模拟信号控制 ……………………………………… 65

　　实训任务6　变频器数字信号控制 ………………………………………… 67

项目6　PLC和变频器联机调试 ……………………………………………… 70

　　6.1　PLC与变频器的连接 …………………………………………………… 70

　　6.2　PLC和变频器实现电动机正反转控制 ………………………………… 72

6.3 PLC 控制 MM420 变频器实现电动机多段转速控制 ·················· 74

6.4 变频器的 PLC 模拟量控制 ·········· 76

实训任务 7 PLC 和变频器联机控制多段速运行 ············· 81

项目 7 变频器的安装与维修 ············· 86

7.1 变频器的设置环境 ············· 86

7.2 变频器的安装 ············· 87

7.3 变频器的布线 ············· 87

7.4 变频器的维修 ············· 89

实训任务 8 变频器报警与故障排除 ············· 91

项目 8 恒压供水变频调速控制 ············· 95

8.1 恒压供水的优点 ············· 96

8.2 恒压供水的控制对象 ············· 96

8.3 恒压供水的系统组成 ············· 96

8.4 恒压供水系统的工作过程 ············· 97

8.5 多台水泵的切换功能 ············· 98

8.6 恒压供水实例 ············· 100

实训任务 9 变频器的 PID 控制操作 ············· 104

项目 9 PLC 的变频器控制指令 USS ············· 110

9.1 USS 指令介绍 ············· 111

9.2 USS 控制变频器参数的设定 ············· 115

实训任务 10 基于 PLC 通信方式的变频器开环调速控制 ············· 117

本书内容归纳 ············· 121

基础知识练习题 ············· 123

拓展提高练习题 ············· 126

附录 1 希腊字母表 ············· 131

附录 2 MICROMASTER 420 变频器的故障报警信息 ············· 132

附录 3 维修电工高级工西门子变频器操作技能考试卷 ············· 135

附录 4 常用 IGBT 型号及参数表 ············· 139

参考文献 ············· 141

项目 *1*

变频器基础知识

1.1 变频技术的发展

　　直流电动机拖动和交流电动机拖动先后诞生于 19 世纪,距今已有 100 多年的历史,并已成为动力机械的主要驱动装置。但是,由于技术上的原因,在很长一段时期内,占整个电力拖动系统 80% 左右的不变速拖动系统中采用的是交流电动机(包括异步电动机和同步电动机),而在需要进行调速控制的拖动系统中则基本上采用的是直流电动机。

　　但是,由于结构上的原因,直流电动机存在以下缺点。

　　(1) 需要定期更换电刷和换向器,维护保养困难,寿命较短。

　　(2) 由于直流电动机存在换向火花,难以应用于存在易燃易爆气体的恶劣环境。

　　(3) 结构复杂,难以制造大容量、高转速和高电压的直流电动机。

　　而与直流电动机相比,交流电动机则具有以下优点。

　　(1) 结构坚固,工作可靠,易于维护保养。

　　(2) 不存在换向火花,可以应用于存在易燃易爆气体的恶劣环境。

　　(3) 容易制造出大容量、高转速和高电压的交流电动机。

　　因此,很久以来,人们希望在许多场合下能够用可调速的交流电动机来代替直流电动机,并在交流电动机的调速控制方面进行了大量的研究开发工作。但是,直至 20 世纪 70 年代,交流调速系统的研究开发方面一直未能得到真正能够令人满意的成果,也因此限制了交流调速系统的推广应用。也正是因为这个原因,在工业生产中大量使用的诸如风机、水泵等需要进行调速控制的电力拖动系统中不得不采用挡板和阀门来调节风速和流量。这种做法不但增加了系统的复杂性,也造成了能源的浪费。

　　经历了 20 世纪 70 年代中期的第二次石油危机之后,人们充分认识到了节能工作的重要性,并进一步重视和加强了对交流调速技术的研究开发工作,随着同时期电力电子技术的发展,作为交流调速系统核心的变频器技术也得到了显著的发展,并逐渐进入了实用阶段。

虽然发展变频驱动技术最初的目的主要是节能,但是随着电力电子技术、微电子技术和控制理论的发展,电力半导体器件和微处理器的性能不断提高,变频驱动技术也得到了显著发展。

目前变频器不但在传统的电力拖动系统中得到了广泛应用,而且几乎已经扩展到了工业生产的所有领域,并且在空调、洗衣机、电冰箱等家电产品中也得到了广泛应用。随着电力电子技术、计算机技术和自动控制技术的发展,以变频调速为代表的近代交流调速技术有了飞速的发展。交流变频调速传动克服了直流电动机的缺点,发挥了交流电动机本身固有的优点,并且很好地解决了交流电动机调速性能先天不足的问题。交流变频调速技术以其卓越的调速性能、显著的节电效果以及在国民经济各个领域的广泛适用性,而被公认为是最有前途的交流调速方式,代表了电气传动发展的主流方向。变频调速技术为节能降耗、改善控制性能、提高产品的产量和质量提供了至关重要的手段。变频调速理论已形成较为完整的科学体系,成为一门相对独立的学科。

1.2 变频器的发展

进入 21 世纪,电力电子器件的基片已从 Si(硅)变换为 SiC(碳化硅),使电力电子新元件具有耐高压、低功耗、耐高温的优点,并制造出体积小、容量大的驱动装置,永久磁铁电动机也正在开发研制之中。随着 IT 技术的迅速普及,变频器相关技术的发展迅速,未来主要朝以下两个方面发展。

1. 网络智能化

智能化的变频器使用时不必进行很多参数设定,本身具备故障自诊断功能,具有高稳定性、高可靠性及实用性。利用互联网可以实现多台变频器联动,甚至是以工厂为单位的变频器综合管理控制系统。

2. 专门化和一体化

变频器的制造专门化,可以使变频器在某一领域的性能更强,如风机、水泵用变频器、电梯专用变频器、起重机械专用变频器、张力控制专用变频器等。除此以外,变频器有与电动机一体化的趋势,使变频器成为电动机的一部分,可以使体积更小,控制更方便。

1.3 变频器的应用

1. 变频器在节能方面的应用

风机、泵类负载采用变频调速后,节电可达到 20%~60%,因为风机、泵类负载的实际消耗功率基本与转速的 3 次方成正比。据有关方面统计,我国已经进行变频改造的风机、泵类负载的容量占总容量的 5%以上,还有很大的改造空间。由于风机、泵类负载在采用变频调速后可以节省大量的电能,所需的投资在较短的时间内就可以收回。目前,应用较成功的有恒压供水、各类风机、中央空调和液压泵的变频调速。

2. 变频器在精度自控系统中的应用

由于控制技术的发展,变频器除了具有基本的调速控制功能之外。更具有多种算术运算和智能控制功能。它还设置有完善的检测、保护环节,因此在自动化系统中得到了广泛应用。例如在印刷、电梯、纺织、机床、生产流水线等领域进行速度控制。

3. 变频器在提高工艺水平和产品质量方面的应用

变频器还广泛地应用于传送、起重、挤压和机床等各种机械设备的控制领域,它可以提高工艺水平和产品质量,减少设备冲击和噪声,延长设备使用寿命。采用变频器控制后,可以使机械设备简化,操作和控制更具人性化,有的甚至可以改变原有的工艺规范,从而提高整个设备的功能。

1.4 变频器典型全控型器件

利用控制信号控制开通与关断的器件称为全控型器件,通常也称为自关断器件。

全控型器件通常分为电流控制型与电压控制型两大类。电流控制型器件从控制极注入或抽取电流信号来控制器件的开通或关断,如可关断晶闸管(GTO)、大功率晶体管(GTR)、集成门极换流晶闸管(IGCT)等。这类器件的主要特点是控制功率较大、控制电路复杂、工作频率较低。电压控制型器件通过在控制极建立电场——提供电压信导来控制器件的开通与关断,如功率场效应管(简称功率 MOSFET)、绝缘栅双极晶体管(IGBT)等。与电流控制型器件相比,这类器件的主要特点是控制功率小、控制电路简单、工作频率较高。

1.4.1 可关断晶闸管

1. 可关断晶闸管概述

可关断晶闸管 GTO(Gate Turn-Off Thyristor)也称门控晶闸管,如图 1-1 所示。其主要特点为,当门极加负向触发信号时晶闸管能自行关断。普通晶闸管(SCR)靠门极正信号触发之后,撤掉信号也能维持通态。欲使之关断,必须切断电源,使正向电流低于维持电流 I_H,或施以反向电压强迫关断。这就需要增加换向电路,不仅使设备的体积和重量增大,而且会降低效率,产生波形失真和噪声。可关断晶闸管克服了上述缺陷,它保留了普通晶闸管耐压高、电流大等优点,具有自关断能力,使用方便,是理想的高压、大电流开关器件。GTO 的容量及使用寿命均超过巨型晶体管(GTR),只是工作频率比 GTR 低。目前,GTO 已达到 3000A、4500V 的容量。大功率可关断晶闸管已广泛用于斩波调速、变频调速、逆变电源等领域,显示出强大的生命力。

2. 可关断晶闸管的结构与工作原理

(1) 可关断晶闸管(GTO)基本结构

可关断晶闸管(GTO)也是一种三端四层(PNPN)、三端引出线(A、K、G)的器件。和

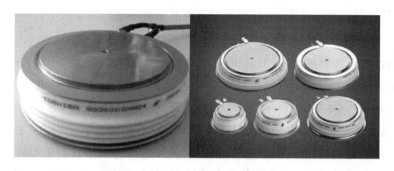

图 1-1   门极可关断晶闸管 GTO

晶闸管不同的是：GTO 在制造上不再是单一的 GTO 元件，GTO 内部由许多四层结构的小晶闸管并联而成，这些小晶闸管的门极和阴极并联在一起，成为 GTO 元，GTO 是一种多元的功率集成器件，而普通晶闸管是独立元件结构。图 1-2 是 GTO 的结构示意图、等效电路及电气图形符号。

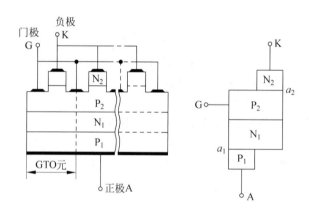

(a) GTO结构示意图

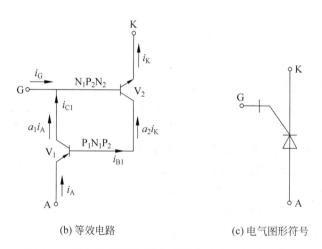

(b) 等效电路   (c) 电气图形符号

图 1-2   GTO 的结构示意图、等效电路和电气图形符号

（2）GTO 晶闸管的开通和关断原理

GTO 晶闸管的开通和关断原理如图 1-3 所示。GTO 的开通原理与普通晶闸管相同，只是导通时的饱和程度不高，有利于门极控制关断。GTO 的开通机理：S_1 闭合。

$$i_G \uparrow \rightarrow i_{b2} \uparrow \rightarrow i_K \uparrow \rightarrow a_2 \uparrow \rightarrow i_{C2}(i_{b1}) \uparrow \rightarrow i_A \uparrow \rightarrow a_1 \uparrow \rightarrow i_{C1} \uparrow$$

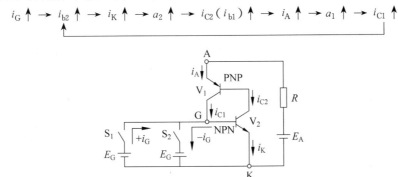

图 1-3　GTO 晶闸管的开通和关断原理图

GTO 的关断原理：给门极加负脉冲，从门极抽出电流，晶体管 V_2 的基极电流减小，使 i_K 和 i_{C2} 减小，i_{C2} 减小又使 i_A 和 i_{C1} 减小，进一步减小 V_2 的基极电流，如此形成强烈的正反馈，最后使 V_1 和 V_2 退出饱和而关断。

$$i_G \uparrow \rightarrow i_{C1} \downarrow \rightarrow i_{b2} \downarrow \rightarrow i_K \downarrow \rightarrow a_2 \downarrow \rightarrow i_{C2}(i_{b1}) \downarrow \rightarrow i_A \downarrow \rightarrow a_1 \downarrow$$

3. GTO 的主要参数

（1）开通时间 t_{on}

t_{on} 是延迟时间与上升时间之和，延迟时间为 $1 \sim 2ms$，上升时间则随通态阳极电流值的增大而增大。

（2）关断时间 t_{off}

t_{off} 一般是指储存时间和下降时间之和，不包括尾部时间。GTO 的储存时间随阳极电流的增大而增大，下降时间一般小于 $2\mu s$。

不少 GTO 都制造成逆导型，类似于逆导晶闸管，需承受反压时，应和电力二极管串联。

（3）最大可关断阳极电流 I_{ATO}

（4）电流关断增益 β_{off}

最大可关断阳极电流与门极负脉冲电流最大值 I_{GM} 之比称为电流关断增益。

$$\beta_{off} = \frac{I_{ATO}}{I_{GM}}$$

β_{off} 一般很小，只有 5 左右，这是 GTO 的一个主要缺点。1000A 的 GTO 关断时门极负脉冲电流峰值要 200A。

（5）浪涌电流

浪涌电流是指使结温不超过额定结温时不重复最大通态过载电流，一般为通态峰值电流的 6 倍。会引起器件性能的变差。

（6）断态不重复峰值电压

当器件阳极电压超过此值时,则不需要门极触发即转折导通,断态不重复峰值电压随转折次数增大而下降。一般只有其中几个 GTO 元首先转折,阳极电流集中,局部电流过高而损坏。

（7）维持电流

GTO 的维持电流是指阳极电流减小到开始出现 GTO 元不能再维持导通时的数值。

（8）擎住电流

GTO 经门极触发后,阳极电流上升到保持所有 GTO 元导通的最低值即擎住电流值。

擎住电流最大的 GTO 元影响最大。当门极电流脉冲宽度不足时,门极脉冲电流下降沿越陡,GTO 的擎住电流值将增大。

4. GTO 电极和触发能力检测

（1）判定 GTO 的电极

将万用表拨至 $R \times 1$ 挡,测量任意两脚间的电阻,仅当黑表笔接 G 极,红表笔接 K 极时,电阻呈低阻值,对其他情况电阻值均为无穷大。由此可迅速判定 G、K 极,剩下的就是 A 极。

（2）检查触发能力

将万用表的黑表笔接 A 极,红表笔接 K 极,电阻为无穷大;然后用黑表笔尖也同时接触 G 极,加上正向触发信号,表针向右偏转到低阻值即表明 GTO 已经导通;最后脱开 G 极,只要 GTO 维持通态,就说明被测管具有触发能力。

1.4.2　电力晶体管 GTR

1. 电力晶体管概述

电力晶体管 GTR(Giant Transistor)是一种电流控制的双极双结大功率、高反压电力电子器件,具有自关断能力,产于 20 世纪 70 年代,其额定值已达 1800V/800A/2kHz、1400V/600A/5kHz、600V/3A/100kHz。它既具备晶体管饱和压降低、开关时间短和安全工作区宽等固有特性,又提高了功率容量,因此,由它组成的电路灵活、成熟、开关损耗小、开关时间短,在电源、电动机控制、通用逆变器等中等容量、中等频率的电路中应用广泛。GTR 的缺点是驱动电流较大、耐浪涌电流能力差、易受二次击穿而损坏。在开关电源和 UPS 内,GTR 正逐步被功率 MOSFET 和 IGBT 所代替。目前,电力晶体管常用的外形有四种:铁壳封装、塑壳封装、模块封装和集成电路封装。封装的外形如图 1-4 所示。

2. 电力晶体管的基本结构和工作原理

电力晶体管为三端三层器件,其基本结构和电气图形符号如图 1-5 所示。电力晶体管有 NPN 和 PNP 两种结构,大功率电力晶体管多为 NPN 型。电力晶体管的基本原理与普通信号晶体管相同,均是用基极电流 i_b 控制集电极电流 i_c 的电流控制型器件。区别在于它能在大的耗散功率或输出功率下工作。GTR 广泛用于 10kHz 开关频率下的功率变

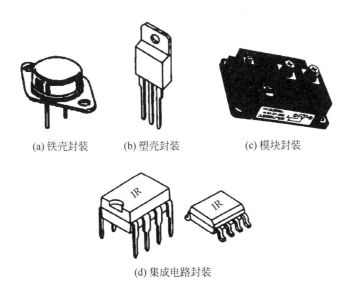

(a) 铁壳封装　　(b) 塑壳封装　　(c) 模块封装

(d) 集成电路封装

图 1-4　电力晶体管的几种常见封装外形

换场合。GTR 总工作在饱和与截止状态下。GTR 的应用电路一般采用共发射极接法。在基极与发射极之间加上正向电压,形成基极电流;这时发射结正偏,集电结反偏,GTR 开通,进入饱和状态。饱和状态的 GTR 集射极电压非常低,使得发射结与集电结同时处于正偏状态。此时的 GTR 的集电极电流只取决于电路的阻抗,与基极电流大小无关。

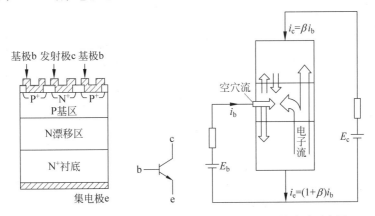

图 1-5　GTR 的结构、电气图形符号和内部载流子的流动示意图

3. 电力晶体管的类型

目前常用的电力晶体管有单管电力晶体管、达林顿电力晶体管和电力晶体管模块 3 种类型。

（1）单管电力晶体管

单管电力晶体管可靠性高,能改善器件的二次击穿特性,易于提高耐压能力,并易于散出内部热量。

（2）达林顿电力晶体管

达林顿电力晶体管是由两个或多个晶体管复合而成,可以是 PNP 型,也可以是 NPN

型,其性质取决于驱动管,它与普通复合三极管相似。如图 1-6 所示达林顿电力晶体管的电流放大倍数很大,可以达到几十至几千倍。虽然达林顿电力晶体管大大提高了电流放大倍数,但其饱和管压降却增加了,增大了导通损耗,同时降低了管子的工作速度。

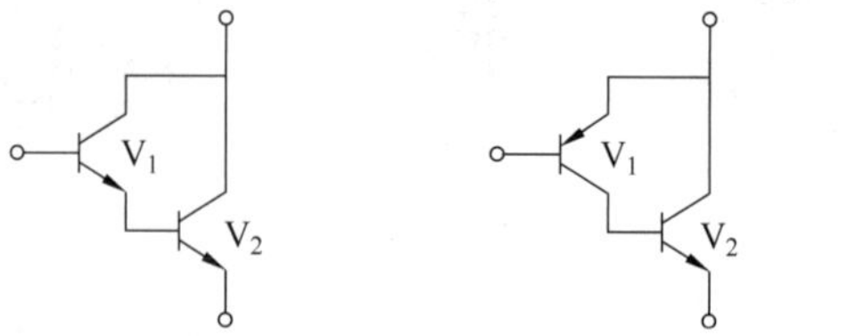

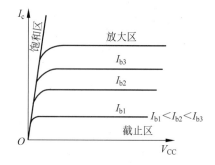

(a) NPN-NPN型达林顿结构　　　(b) PNP-NPN型达林顿结构

图 1-6　两级达林顿电力晶体管原理图

（3）电力晶体管模块

目前,作为大功率的开关应用还是 GTR 模块,它是将 GTR 管芯及为了改善性能的 1 个元件组装成 1 个单元,然后根据不同的用途将几个单元电路构成模块,集成在同一硅片上。这样大大提高了器件的集成度、工作的可靠性和性能价格比,同时也实现了小型轻量化。目前生产的 GTR 模块,可将多达 6 个相互绝缘的单元电路制在同一个模块内,便于组成三相桥电路。

4. GTR 的基本特性

（1）静态特性

静态特性可分为输入特性和输出特性。输入特性与二极管的伏安特性相似。GTR 共射极电路的输出特性曲线,如图 1-7 所示。由图 1-7 可以看出,静态特性分为 3 个区域,即截止区、放大区及饱和区。当集电结和发射结处于反偏状态,或集电结处于反偏状态,发射结处于零偏状态时,管子工作在截止区,当发射结处于正偏、集电结处于反偏状态时,管子工作在放大区。当发射和集电结都处于正偏状态时,管子工作在饱和区。GTR 在电力电路中,需要工作在开关状态,因此它在饱和和截止区之间交替工作。

图 1-7　GTR 共发射极电路输出特性曲线

（2）动态特性

动态特性主要描述开关过程的瞬态性能,其优劣常用开关时间表征。GTR 是用基极电流来控制集电极电流的,GTR 的开通时间 t_{on} 是延迟时间 t_d 和上升时间 t_r 之和,关断时间 t_{off} 是存储时间 t_s 和下降时间 t_f 之和。延迟时间主要是由发射结势垒电容充电产生的。增大基极驱动电流的幅值并增大,可以缩短延迟时间,同时也可以缩短上升时间,从而加快开通过程,但不宜过大,否则将增加存储时间。存储时间是用来除去饱和导通时储存在基区的载流子的,是关断时间的主要部分。减小导通时的饱和深度以减小储存的载流子,或增大基极抽取负电流的幅值和负偏压,可以缩短存储时间,从而加快关断速度。GTR

的动态特性曲线如图 1-8 所示。

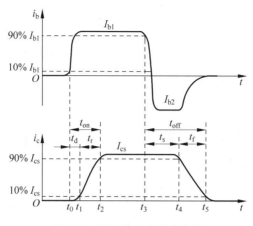

图 1-8　GTR 的动态特性曲线

5．GTR 的主要参数

（1）最高集电极电压额定值

最高集电极电压额定值是指集电极的击穿电压值，它不仅因器件不同而不同，而且会因外电路接法不同而不同。

（2）集电极最大允许电流 I_{CM}

通常规定为 H_{FE} 下降到规定值的 $1/3 \sim 1/2$ 时所对应的 I_c，实际使用时要留有裕量，只能用到 I_{CM} 的一半或稍多一点。

（3）集电极最大耗散功率 P_{CM}

最高工作温度下允许的耗散功率，大小主要由集电结工作电压和集电极电流乘积决定。一般是在环境温度为 25℃时测定，如果环境温度高于 25℃，允许的 P_{CM} 值应当减小。

（4）最高结温 T_{JM}

最高结温是指在正常工作时不损坏器件所允许的最高温度。它由器件所用的半导体材料、制造工艺、封装方式及可靠性要求来决定。塑封器件一般为 120～150℃，金属封装为 150～170℃。为了充分利用器件功率又不超过允许结温，GTR 使用时必须选配合适的散热器。

6．电力晶体管的驱动与保护

（1）驱动电路

GTR 的基极驱动电路有恒流驱动电路、抗饱和驱动电路、固定反偏互补驱动电路、比例驱动电路、集成化驱动电路等多种形式。

（2）集成化驱动

集成化驱动电路克服了一般电路元件多、电路复杂、稳定性差和使用不便的缺点，还增加了保护功能。

（3）GTR 的保护电路

GTR 的开关频率较高，采用快速熔断保护是无效的，一般采用缓冲电路。主要有 RC

缓冲电路、充放电型 R、C、VD 缓冲电路和阻止放电型 R、C、VD 缓冲电路三种形式。

1.4.3 电力场效应晶体管

电力场效应晶体管(Power Mosfet)是一种单极型的电压控制器件,不但有自关断能力,而且有驱动功率小、开关速度高、无二次击穿、安全工作区宽等特点。由于其易于驱动和开关频率可高达 500kHz,特别适于高频化电力电子装置,如应用于 DC/DC 变换、开关电源、便携式电子设备、航空航天以及汽车等电子电器设备中。因为其电流、热容量小,耐压低,一般只适用于小功率电力电子装置。

1. 电力场效应晶体管的结构和工作原理

电力场效应晶体管种类和结构有许多种,按导电沟道可分为 P 沟道和 N 沟道,同时又有耗尽型和增强型之分。在电力电子装置中,主要是应用 N 沟道增强型。电力场效应晶体管导电机理与小功率绝缘栅 MOS 管相同,但结构有很大区别。小功率绝缘栅 MOS管是一次扩散形成的器件,导电沟道平行于芯片表面,横向导电。电力场效应晶体管大多采用垂直导电结构,提高了器件的耐电压和耐电流的能力。按垂直导电结构的不同,又可分为两种:V 形槽 VVMOSFET 和双扩散 VDMOSFET。电力场效应晶体管采用多单元集成结构,一个器件由成千上万个小的 MOSFET 组成。N 沟道增强型电力场效应晶体管的结构和电气符号如图 1-9 所示。

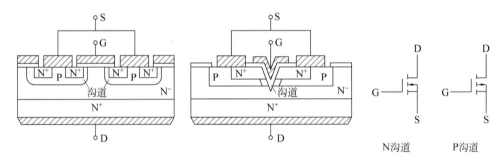

图 1-9 Power Mosfet 的结构和电气符号

电力场效应晶体管有 3 个端子:漏极 D、源极 S 和栅极 G。当漏极接电源正极,源极接电源负极时,栅极和源极之间电压为 0,沟道不导电,管子处于截止。如果在栅极和源极之间加一正向电压 U_{GS},并且使 U_{GS} 大于或等于管子的开启电压 U_T,则管子开通,在漏、源极间流过电流 I_D。U_{GS} 超过 U_T 越大,导电能力越强,漏极电流越大。

2. 电力场效应晶体管的静态特性和主要参数

电力场效应晶体管静态特性主要是指输出特性和转移特性,与静态特性对应的主要参数有漏极击穿电压、漏极额定电压、漏极额定电流和栅极开启电压等。

(1) 静态特性

① 转移特性

转移特性表示漏极电流 I_D 与栅源之间电压 U_{GS} 的转移特性关系曲线,如图 1-10(a)所示。转移特性可表示出器件的放大能力,并且与 GTR 中的电流增益 β 相似。由于电力场

效应晶体管是压控器件,因此用跨导这一参数来表示。跨导定义为

$$g_{m} = \Delta I_{D}/\Delta U_{GS}$$

图中 U_T 为开启电压,只有当 $U_{GS}=U_T$ 时才会出现导电沟道,产生漏极电流 I_D。

② 输出特性

输出特性曲线如图 1-10(b)所示,由图可见,输出特性分为夹断、饱和与非饱和 3 个区域。这里饱和、非饱和的概念与 GTR 不同。饱和是指漏极电流 I_D 不随漏源电压 U_{DS} 的增加而增加,也就是基本保持不变;非饱和是指在 U_{GS} 一定时,I_D 随 U_{DS} 增加呈线性关系变化。

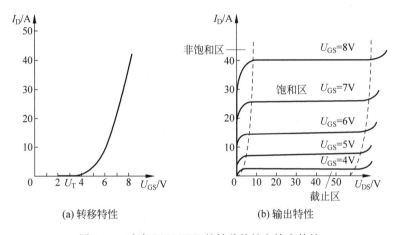

(a) 转移特性 (b) 输出特性

图 1-10 功率 MOSFET 的转移特性和输出特性

(2) 主要参数

① 漏极击穿电压 $U_{(BR)DS}$。$U_{(BR)DS}$ 是不使器件击穿的极限参数,它大于漏极电压额定值。$U_{(BR)DS}$ 随结温的升高而升高,这点正好与 GTR 和 GTO 相反。

② 漏极额定电压 U_D 是器件的标称额定值。

③ 漏极电流 I_D 和 I_{DM}。I_D 是漏极直流电流的额定参数,I_{DM} 是漏极脉冲电流幅值。

④ 栅极开启电压 U_T。U_T 又称阀值电压,是开通电力场效应晶体管的栅源电压,它为转移特性的特性曲线与横轴的交点。施加的栅源电压不能太大,否则将击穿器件。

⑤ 跨导 g_m 是表征电力场效应晶体管栅极控制能力的参数。

3. 电力场效应晶体管的动态特性和主要参数

(1) 动态特性

动态特性主要描述输入量与输出量之间的量与时间的关系,它影响器件的开关过程。由于该器件为单极型,靠多数载流子导电,因此开关速度快、时间短,一般在纳秒数量级。电力场效应晶体管的动态特性如图 1-11 所示。

电力场效应晶体管的开通过程:由于电力场效应晶体管有输入电容,因此当脉冲电压 U_p 的上升沿到来时,输入电容有一个充电过程,栅极电压 U_{GS} 按指数曲线上升。当 U_{GS} 上升到开启电压 U_T 时,开始形成导电沟道并出现漏极电流 I_D。从 U_p 前沿时刻到 $U_{GS}=$

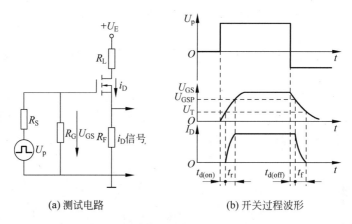

(a) 测试电路　　　　　(b) 开关过程波形

图 1-11　功率 MOSFET 的开关过程

U_p—脉冲信号源；R_S—信号源内阻；R_G—栅极电阻；R_L—负载电阻；R_F—检测漏极电流

U_T，且开始出现 I_D 的时刻，这段时间称为开通延时时间 $t_{d(on)}$。此后，I_D 随 U_{GS} 的上升而上升，U_{GS} 从开启电压 U_T 上升到电力场效应晶体管临近饱和区的栅极电压 U_{GSP} 这段时间，称为上升时间 t_r。电力场效应晶体管的开通时间为：

$$t_{on} = t_{d(on)} + t_r$$

电力场效应晶体管的关断过程：当信号 U_p 电压下降到 0 时，栅极输入电容上存储的电荷通过电阻 R_S 和 R_G 放电，使栅极电压按指数曲线下降，当下降到 U_{GSP} 时，I_D 才开始减小，这段时间称为关断延时时间 $t_{d(off)}$。此后，输入电容继续放电，U_{GS} 继续下降，I_D 也继续下降到 $U_{GS} < U_T$ 时，导电沟道消失，$I_D = 0$，这段时间称为下降时间 t_f。电力场效应晶体管的关断时间为：

$$t_{off} = t_{d(off)} + t_f$$

从上述分析可知，要提高器件的开关速度，则必须减小开关时间。在输入电容一定的情况下，可以通过降低驱动电路的内阻 R_S 来加快开关速度。

电力场效应管晶体管是压控器件，在静态时几乎不输入电流。但在开关过程中，需要对输入电容进行充放电，故仍需要一定的驱动功率。工作速度越快，需要的驱动功率越大。

（2）动态参数

① 极间电容

电力场效应晶体管的 3 个极之间分别存在极间电容 C_{GS}、C_{GD}、C_{DS}。通常生产厂家提供的是漏源极断路时的输入电容 C_{iss}、共源极输出电容 C_{oss}、反向转移电容 C_{rss}，它们之间的关系

$$C_{iss} = C_{GS} + C_{GD}; \quad C_{oss} = C_{GD} + C_{DS}; \quad C_{rss} = C_{GD}$$

输入电容可近似地用 C_{iss} 来代替。

② 漏源电压上升率

器件的动态特性还受漏源电压上升率的限制，过高的 dU/dt 可能导致电路性能变差，甚至引起器件损坏。

4. 电力场效应晶体管的安全工作区

（1）正向偏置安全工作区（FBSOA）

正向偏置安全工作区如图 1-12 所示。它是由最大漏源电压极限线Ⅰ、最大漏极电流极限线Ⅱ、漏源通态电阻线Ⅲ和最大功耗限制线Ⅳ，4 条边界极限所包围的区域。图中给出了 4 种情况：直流 DC，脉宽 10ms、1ms、100μs。它与 GTR 安全工作区比有两个明显的区别：①因无二次击穿问题，所以不存在二次击穿功率 P_{SB} 限制线。②因为它通态电阻较大，导通功耗也较大，所以不仅受最大漏极电流的限制，而且还受通态电阻的限制。

（2）开关安全工作区（SSOA）

开关安全工作区为器件工作的极限范围，如图 1-13 所示。它是由最大峰值电流 I_{DM}、最小漏极击穿电压 $U_{(BR)DS}$ 和最大结温 T_{JM} 决定的，超出该区域，器件将损坏。

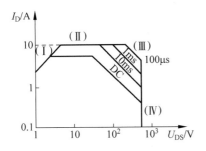

图 1-12 功率 MOSFET 的 FBSOA 曲线

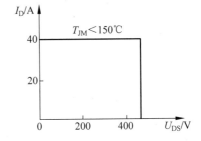

图 1-13 功率 MOSFET 的 SSOA 曲线

（3）换向安全工作区（CSOA）

换向安全工作区表示功率 MOSFET 内寄生二极管或集成二极管反向恢复性能所决定的极限工作范围，如图 1-14 所示。

在换向速度一定时，它用漏极正向电压（亦即二极管反向电压）和二极管正向电流的安全运行极限来表示。影响二极管反向恢复性能的主要参数是反向恢复电荷。此电荷越多，反向电流则越大，功率 MOSFET 的换向也越困难，即安全工作区越小。

电力场效应管在实际应用中，安全工作区应留有一定的富裕度。

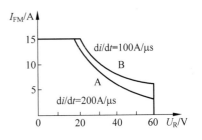

图 1-14 MTP3066 型功率 MOSFET 的 CSOA 曲线

5. 电力场效应晶体管的栅极驱动和保护

（1）电力场效应晶体管的栅极驱动电路特点

电力场效应晶体管是单极型压控器件，没有少数载流子的存储效应，输入阻抗高。因而开关速度可以很高，驱动功率小，电路简单。但是它的极间电容较大，因而工作速度与驱动源内阻抗有关。

① 驱动电路简单

电力场效应晶体管在稳定状态下工作时，栅极无电流流过；只有在动态开关过程中才有位移电流出现,因而所需驱动功率小,栅极驱动电路简单。

② 驱动电路为容性负载

功率 MOSFET 的栅极输入端相当于一个容性网络,一旦它导通后即不再需要驱动电流。

(2)电力场效应晶体管对栅极驱动电路的要求

① 保证功率 MOSFET 可靠开通和关断,触发脉冲前、后沿要求陡峭。

② 减小驱动电路的输出电阻,提高功率 MOSFET 的开关速度。

③ 触发脉冲电压应高于管子的开启电压,为了防止误导通,在功率 MOSFET 截止时,能提供负的栅源电压。

④ 功率 MOSFET 开关时所需的驱动电流为栅极电容的充、放电电流。

⑤ 驱动电路应实现主电路与控制电路之间的隔离,避免功率电路对控制信号造成干扰。

⑥ 驱动电路应能提供适当的保护功能,使得功率管可靠工作,如低压锁存保护、过电流保护、过热保护及驱动电压箝位保护等。

⑦ 驱动电源必须并联旁路电容,它不仅滤除噪声,而且用于给负载提供瞬时电流,加快功率 MOSFET 的开关速度。

(3)栅极驱动电路的类型

栅极驱动电路有多种形式,以驱动电路与栅极的连接方式来分有直接驱动和隔离驱动。

① 直接驱动电路

栅极直接驱动电路是最简单的一种方式。由于功率 MOSFET 的输入阻抗极高,所以可以用 TTL 器件和 CMOS 器件直接驱动。几种栅极直接驱动电路如图 1-15 所示。

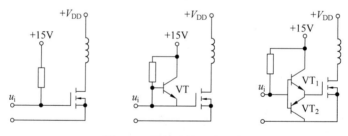

图 1-15　栅极直接驱动电路

② 隔离驱动电路

栅极的隔离驱动电路根据隔离元件的不同分为变压器隔离式和光电隔离式两种,如图 1-16 所示。

(4)电力场效应晶体管的保护措施

电力场效应晶体管的绝缘层易被击穿是它的致命弱点,栅源电压一般不得超过 $\pm 20V$。因此,在应用时必须采取相应的保护措施。通常有以下几种。

① 防静电击穿

电力场效应晶体管最大的优点是有极高的输入阻抗,因此在静电较强的场合易被静

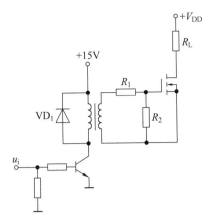
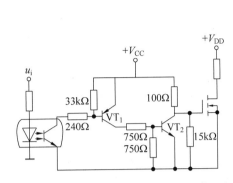

(a)脉冲变压器作为隔离元件的栅极驱动电路　　(b)采用光电耦合器作为隔离元件的栅极驱动电路

图1-16　电力场效应晶体管栅极隔离驱动电路

电击穿。因此,应注意:

　　a. 在测试和接入电路之前,器件应存放在抗静电包装袋、导电材料或金属容器中,不能存放在塑料盒或塑料袋中。取用器件时应拿管壳部分而不是引线部分。工作人员需通过腕带良好接地。

　　b. 将器件接入实际电路时,工作台和烙铁都必须良好接地。焊接时烙铁应断电。

　　c. 在测试器件时,测量仪器和工作台都必须良好接地。器件的三个电极未全部接入测试仪器或电路以前,不允许施加电压。改换测试范围时,电压和电流都必须先恢复到零。

　　d. 注意栅极电压不要过限。有些型号的电力场效应晶体管内部输入端接有齐纳保护二极管,这种器件栅源间的反向电压不得超过0.3V。对于内部未设保护二极管的器件,应外接栅极保护二极管,或外接其他二极管。

　　② 防偶然性振荡损坏

　　电力场效应晶体管在与测试仪器、接插盒等器件的输入的电容、输入电阻匹配不当时,可能出现偶然性振荡,造成器件损坏。因此,在用图示仪等仪器测试时,在器件的栅极端子处外接10kΩ的串联电阻,也可在栅源间外接约0.6μF的电容器。

　　③ 防栅极过电压

　　可在栅源之间并联电阻或约20V的稳压二极管。

　　④ 防漏极过电流

　　由于过载或短路都会引起过大的电流冲击,超过I_{DM}极限值,此时必须采用快速保护电路使器件迅速断开主回路。

　　⑤ 消除寄生晶体管和二极管的影响

　　电力场效应晶体管内部构成寄生晶体管和二极管。通常若短接晶体管的基极和发射极,就会使栅源电压变化率变大,若基极有电流通过,就会造成二次击穿。因此,在桥式开关电路中,电力场效应晶体管应外接并联二极管。

1.4.4 绝缘栅双极型晶体管(IGBT)

绝缘栅双极型晶体管 IGBT(Insulated Gate Bipolar Transistor)是由 BJT(双极型三极管)和 MOS(绝缘栅型场效应管)组成的复合全控型电压驱动式电力电子器件,兼有MOSFET 的高输入阻抗和 GTR 的低导通压降两方面的优点,外形如图 1-17 所示。GTR是电流型控制器件,虽然通流能力很强、通态压降低,但开关速度低、所需驱动功率大、驱动电路复杂。而电力场效应晶体管是单极型电压控制器件,其开关速度快、输入阻抗高、热稳定性好、所需驱动功率小和驱动电路简单,但是通流能力低,并且通态压降大。IGBT集中了 GTR 和电力场效应晶体管分别具有的优点,即电压控制、输入阻抗高、开关速度快、饱和压降低、损耗小、电压电流容量大、抗浪涌电流能力强、无二次击穿现象以及安全工作区宽等。非常适合应用于电压为 600V 及以上的变流系统,如交流电动机、变频器、开关电源、照明电路、牵引传动等领域。近年来,开发的 IGBT 变流装置工作频率可达$50\sim100$kHz。

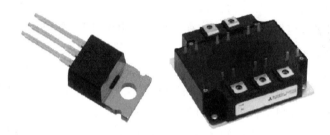

图 1-17 IGBT 单管及模块外形

1. IGBT 的基本结构和工作原理

IGBT 也是一种三端器件,它们分别是栅极 G、集电极 C 和发射极 E,其结构、简化等效电路和电气符号如图 1-18 所示。由结构图可知,它相当于用一个 MOSFET 驱动的厚基区 PNP 晶体管。从简化等效电路图可以看出,IGBT 等效为一个 N 沟道 MOSFET 和一个 PNP 型晶体三极管构成的复合管,导电以 GTR 为主。图 1-18(b)所示的 IGBT 等效电路中的 R_N 是 GTR 厚基区内的调制电阻。

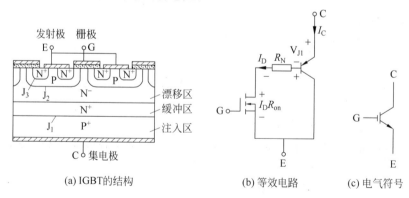

(a) IGBT的结构   (b) 等效电路   (c) 电气符号

图 1-18 IGBT 的结构、等效电路和电气符号

IGBT 的开通和关断均由栅极电压控制。当栅极加正电压时,N 沟道场效应管导通,并为晶体三极管提供基极电流,使得 IGBT 开通。当栅极加反向电压时,场效应管导电沟道消失,PNP 型晶体管基极电流被切断,IGBT 关断。

2. IGBT 的基本特性

(1) IGBT 的静态特性

IGBT 的静态特性主要包括转移特性和输出伏安特性,如图 1-19 所示。图 1-19(a)为 IGBT 的转移特性曲线,它表示输入电压 U_{GE} 与输出电流 I_C 之间的关系。由图可以看出,栅射电压 U_{GE} 小于开启电压 $U_{GE(th)}$ 时,IGBT 处于关断状态。当电压 U_{GE} 接近 $U_{GE(th)}$ 时,集电极开始出现电流 I_C,但很小。当 U_{GE} 大于 $U_{GE(th)}$ 时,在大部分范围内,I_C 与 U_{GE} 呈线性关系变化。由于 U_{GE} 对 I_C 有控制作用,所以最大栅极电压受最大集电极电流 I_{CM} 的限制,其典型值为 15V。

图 1-19(b)为 IGBT 的输出特性曲线,它表示当 U_{GE} 为参变量时,I_C 与 U_{CE} 之间的关系。此特性与 GTR 的输出特性相似,不同之处是参变量,GTR 为基极电流 I_b,而 IGBT 为栅射电源 U_{GE}。IGBT 输出特性分为 3 个区域,即正向阻断区、有源区和饱和区。当 $U_{CE}<0$ 时,器件呈现反向阻断特性,一般只流过微小的反向电流。在电力电子电路中,IGBT 工作在开关状态,因此是在正向阻断区和饱和区之间交替转换。

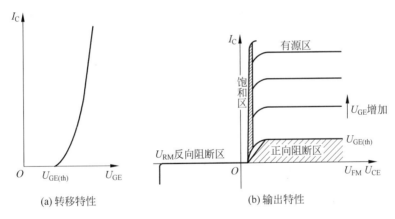

(a) 转移特性　　　　　　(b) 输出特性

图 1-19　IGBT 的静态特性

(2) IGBT 的动态特性

IGBT 的动态特性开通过程与电力场效应晶体管相似,如图 1-20 所示。因为 IGBT 在开通过程中,大部分时间作为 MOSFET 来运行。其开通过程是:从栅极电压 U_{GE} 的前沿上升至其幅值的 10% 时刻开始,到栅源电压达到开启电压 $U_{GE(th)}$、集电极电流 I_C 上升至其幅值的 10% 时刻止,这段时间称为开通延时时间 $t_{d(on)}$。此后,从 10% I_{CM} 开始到 90% I_{CM} 这段时间,称为电流的上升时间 t_r。IGBT 开通时间 t_{on} 为开通延时和电流上升时间之和。

开通时,集射极间电压 U_{CE} 下降的过程是:在 IGBT 开通时,首先 IGBT 中的 MOSFET 要有一个电压下降过程,这段时间称为电压下降第一段时间 t_{fv1}。在 MOSFET 电压下降时,致使 IGBT 中的 PNP 晶体管也有一个电压下降过程,此段时间称为电压下

降第二段时间 t_{fv2}。由于 U_{CE} 下降时,IGBT 中 MOSFET 的栅漏极电容增大,并且 IGBT 中的 PNP 晶体管需由放大状态转移到饱和状态,因此 t_{fv2} 时间较长。

IGBT 的关断过程是:从栅极电压下降沿到其幅值的 90% 时刻起,至集电极电流降到 $90\% I_{CM}$ 止,这段时间称为关断延时时间 $t_{d(off)}$。集电极电流从 $90\% I_{CM}$ 降至 $10\% I_{CM}$ 这段时间,称为电流下降时间 t_f。而两者之和称为关断时间 t_{off}。仔细分析,电流下降时间 t_f 由两部分组成:一部分是 IGBT 内部的 MOSFET 关断过程时间 t_{fi1};另一部分是 IGBT 内部的 PNP 晶体管关断过程时间 t_{fi2}。

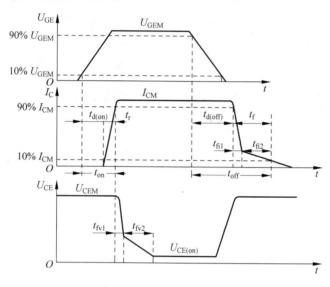

图 1-20　IGBT 的动态特性

（3）擎住效应和安全工作区

① 擎住效应

由于 IGBT 复合器件内有一个寄生晶闸管存在,当 IGBT 集电极电流 I_C 大到一定程度,可使寄生晶闸管导通,从而其栅极对器件失去控制作用,这就是擎住效应。IGBT 发生擎住效应后,集电极电流过大,产生过高的功耗,导致器件损坏。

擎住现象有静态和动态之分。通态集电极电流大于某个临界值 I_{CM} 后产生的擎住现象,称为静态擎住。IGBT 在关断过程中产生的擎住现象,称为动态擎住。由于动态擎住时所允许的集电极电流比静态擎住时小,所以器件的 I_{CM} 应按动态擎住所允许的数值来确定。为避免发生擎住现象,应用时应保证集电极电流不超过 I_{CM},或增大栅极电阻,减缓 IGBT 的关断速度。总之,使用 IGBT 时必须避免引起擎住效应,以确保器件的安全。

② 安全工作区

IGBT 开通和关断时,均具有较宽的安全工作区。IGBT 开通时对应的安全工作区称为正向偏置安全工作区,即 FBSOA,如图 1-21(a) 所示。它是由避免动态擎住而确定的最大集电极电流 I_{CM}、最大允许集电极电压 U_{CEO} 和最大允许功耗 3 条极限线所限定的区域。FBSOA 与 IGBT 的导通时间密切相关,它随导通时间的增加而逐渐减小,直流工作时安全工作区最小。

　　IGBT 关断时对应的安全工作区称为反向偏置安全工作区,即 RBSOA,如图 1-21(b) 所示。RBSOA 与 FBSOA 稍有不同,RBSOA 随 IGBT 关断时 dU_{CE}/dt 的变化而变化,电压上升率 dU_{CE}/dt 越大,安全工作区越小。一般可以通过适当选择栅射极电压 U_{GE} 和栅极驱动电阻来控制 dU_{CE}/dt,避免擎住效应,扩大安全工作区。

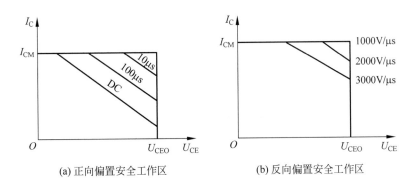

(a) 正向偏置安全工作区　　　　　　(b) 反向偏置安全工作区

图 1-21　IGBT 的安全工作区

3. IGBT 的驱动电路

(1) 驱动电路的基本要求

　　IGBT 的栅极驱动性能直接影响它的静态和动态特性。因此,IGBT 对驱动电路有以下基本要求。

　　① 要有较陡的脉冲上升沿和下降沿

　　在 IGBT 开通时,很陡的栅极电压加到栅极和发射极之间,可使 IGBT 快速开通,从而减少开通损耗。在 IGBT 关断时,驱动电压下降沿很陡,且在栅射极之间施加一适当的反电压,可使 IGBT 快速关断,减小关断损耗。为保证触发脉冲上升沿和下降沿都很陡,驱动电路在有合适的正向、反向驱动电压的同时,还要有低阻抗输出特性。

　　② 要有足够大的驱动功率

　　IGBT 导通后,为使 IGBT 始终处于饱和状态,甚至在瞬时过载时,也能保证其不退出饱和区,驱动电路必须有足够大的驱动功率提供。

　　③ 要有合适的正向驱动电压 U_{GE}

　　当正向驱动电压 U_{GE} 增加时,IGBT 的通态压降 U_{CE} 和开通损耗下降。但在负载短路过程中,IGBT 集电极电流随 U_{GE} 的增加而增加,同时也使 IGBT 承受短路损坏的脉冲宽度变窄,因此 U_{GE} 要选择合适的值。一般取为 $+12\sim+15\text{V}$。

　　④ 要有合适的反向偏压

　　IGBT 关断时,栅射极之间加反向偏压可使 IGBT 迅速关断,但其数值不能过高,否则将造成栅射极反向击穿。反向偏压一般取为 $-10\sim-2\text{V}$。

　　⑤ 驱动电路与控制电路之间最好进行电气隔离

　　驱动电路要有完善的保护功能,抗干扰性能好,驱动电路到 IGBT 模块间的引线尽量短,且采用双绞线或同轴电缆屏蔽线,以避免引起干扰。

　　(2) 集成式 IGBT 驱动器

　　IGBT 的驱动多采用专用的混合集成驱动器,常用的有三菱公司的 M579 系列(如 M57959L 和 M57962L)和富士公司的 EXB 系列(如 EXB840、EXB841 EXB850 和 EXB851)。同一系列不同型号的驱动器其引脚和接线基本相同,只是适用被驱动器件的容量和开关频率以及输入电流幅值等参数有所不同。

　　① EXB 系列厚膜驱动器集成电路

　　富士公司生产的 EXB 系列厚膜驱动器是电力电子行业使用量较大的 IGBT 驱动器,在我国电力电子设备中有很大的市场占有率。EXB 系列 IGBT 厚膜驱动有 EXB840、EXB841、EXB850 和 EXB851 四个品种,它们采用了标准化设计,所以引脚排列相同,外形尺寸完全一样,其引脚排列如图 1-22 所示。

　　② M579 系列厚膜驱动器集成电路

　　M57959AL 和 M57962AL 都是为驱动 N 沟道功率 IGBT 设计的厚膜混合集成电路。它们都内置有可在输入输出之间实现良好电气隔离的光耦合器,其外形和引脚排列均采用单列直插式标准 14 引脚封装,如图 1-23 所示。

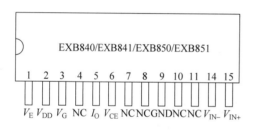

图 1-22　EXB 系列的引脚排列图

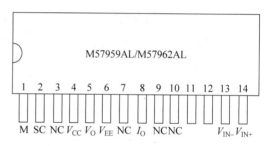

图 1-23　M57959AL 和 M57962AL 的引脚排列图

4. IGBT 的主要参数

　　(1) 最大集射极间电压 U_{CES}:决定了器件的最高工作电压,它由内部 PNP 晶体管的击穿电压确定,具有正温度系数。

　　(2) 最大集电极电流:包括集电极连续电流 I_c 和峰值电流 I_{cm}。表征其电流容量。I_c 受结温的限制,I_{cm} 是为避免擎住效应的发生。

　　(3) 最大集电极功耗 P_{cm}:正常工作温度下允许的最大功耗。

　　(4) 最大栅射极电压 U_{GES}:栅极电压由栅氧化层和特性所限制,为了确保长期使用的可靠性,应将栅极电压限制在 20V 之内。

　　理论联系实际

　　在很多情况下,如何将器件关断是一个突出的问题。20 世纪 60 年代后期,可关断晶闸管 GTO 实现了门极可关断功能,并使斩波工作频率扩展到 1kHz 以上。20 世纪 70 年代中期,高功率晶体管和功率 MOSFET 问世,功率器件实现了场控功能,打开了高频应用的大门。20 世纪 80 年代,IGBT 问世,它综合了功率 MOSFET 和双极型功率晶体管两者的功能,是 MOSFET 和 GTR 相结合的产物。

实训任务 1 IGBT 的测试

1. 实训目标

(1) 掌握 IGBT 的简易测试方法。

(2) 验证 IGBT 的导通条件及关断方法。

2. 实训时间

2 学时。

3. 实训器材

(1) 双路直流稳压电源。

(2) 双踪示波器。

(3) IGBT 通断电路实验板。

(4) 万用表。

4. 实训内容

(1) 判断 IGBT 的极性。

(2) 鉴别 IGBT 的质量好与坏。

(3) 验证 IGBT 的通断性能。

5. 实训原理及步骤

(1) 用万用表判别 IGBT 极性

用指针式万用表 $R \times 1\text{k}\Omega$ 电阻挡测量 IGBT 任两个电极之间的电阻值,若某一电极与其他两极阻值均为无穷大,调换表笔后该极与其他两极的阻值仍为无穷大,则判断此电极为栅极(G)。其余两极再用万用表测量,若测得阻值为无穷大,调换表笔后测量阻值较小。在测量阻值较小的一次中,黑表笔接的为集电极(C),红表笔接的为发射极(E)。

(2) 用万用表判别 IGBT 的质量

IGBT 管的好坏可用指针式万用表的 $R \times 1\text{k}\Omega$ 电阻挡来检测,或用数字式万用表的"二极管"挡测量 PN 结正向压降来进行判断。检测前先将 IGBT 管三只引脚短路放电,避免影响检测的准确度;然后用指针式万用表的两表笔正反测 G、E 两极及 G、C 两极间的电阻,对于正常的 IGBT 管(正常 G、E 两极与 G、C 两极间的正反向电阻均为无穷大;内含阻尼二极管的 IGBT 管正常时,E、C 极间均有 $4\text{k}\Omega$ 正向电阻),上述所测值均为无穷大;最后用指针式万用表的红笔接 C 极,黑笔接 E 极,若所测值在 $3.5\text{k}\Omega$ 左右,则所测管为含阻尼二极管的 IGBT 管,若所测值在 $50\text{k}\Omega$ 左右,则所测 IGBT 管内不含阻尼二极管。对于数字式万用表,正常情况下,IGBT 管的 E、C 极间正向压降约为 0.5V。测得 IGBT 管三个引脚间电阻均很小,则说明该管已击穿损坏;若测得 IGBT 管三个引脚间电阻均为无穷大,说明该管已开路损坏。将所测得数据填入表 1-1,并鉴别被测 IGBT 好坏。

表 1-1　IGBT 好坏的判断

被 测 电 阻	阻值/Ω	结　　论
R_{GE}		
R_{EG}		
R_{GC}		
R_{CG}		
R_{EC}		
R_{CE}		

（3）验证 IGBT 通断性能

万用表选用电阻挡，用红表笔接 IGBT 的集电极（C），黑表笔接 IGBT 的发射极（E），此时万用表的电阻值很大（约为几兆）。用手同时触及一下栅极（G）和集电极（C），这时 IGBT 被触发导通，万用表的阻值迅速变小，并能指示在某一位置。然后再用手指同时触及一下栅极（G）和发射极（E），这时 IGBT 被阻断，万用表的阻值大，此时即可判断 IGBT 是好的。

注意：

① 测量时为了方便，直接将驱动板上的 C、G、E 拔下测量即可。

② 若进行第二次测量时，应短接一下发射极（E）和门极（G）。

③ 若用指针式万用表判断 IGBT 好坏时，一定要将万用表拨在 $R×10kΩ$ 挡，因使用 $R×1kΩ$ 挡以下各挡时万用表内部电池电压太低，检测好坏时不能使 IGBT 导通，而无法判断 IGBT 的好坏。

④ 使用指针式万用表时，黑表笔对应电源正极，红表笔对应负极，因此在测 IGBT 时，测量端与数字表相反。

6. 实训检查与评价

按表 1-2 要求填写相关内容。

表 1-2　实训检查与评价表

序　号	检查项目	检查得分
1	万用表的量程选择及正确使用	
2	IGBT 的极性检测	
3	IGBT 质量的检测	
4	IGBT 通断性能检测	

对本次实训教学技能熟练程度的自我评价：

你对改进教学的建议和意见：

评分标准按表 1-3 执行。

表 1-3 评分标准表

序号	考核项目		配分	评分标准(每项累计扣分不超过配分)	扣分	得分
1	万用表的量程选择及正确使用		20	(1) 不能正确选择量程,每次扣 3 分; (2) 不能正确使用万用表,每次扣 5 分		
2	元器件的检测	IGBT 的极性检测	15	(1) 检测方法不正确,扣 3~15 分; (2) 不能判断检测结果,扣 5 分		
		IGBT 质量的检测	25	(1) 检测方法不正确,每次扣 5 分; (2) 不能判断质量好坏,扣 5~15 分		
		IGBT 通断性能检测	15	(1) 检测方法不正确,扣 3~15 分; (2) 不能判断检测结果,扣 5 分		
3	安全文明生产		25	(1) 整理、整顿等 5S 情况不到位,扣 5 分; (2) 不注重安全操作,视情况扣 5~25 分; (3) 课堂纪律不好、没有团结协作精神,扣 5 分; (4) 造成人身、设备重大事故,此题计 0 分		
4	合　计		100			

项目2

变频器的工作原理

2.1　逆变与变频

2.1.1　逆变与变频的含义

将交流电变为直流电称为整流,逆变则与之相反,是将直流电变换为交流电。如果该交流电与交流电网相连,或者说,是将直流电逆变成与交流电网同频率的交流电输送给电网,则这种逆变称为有源逆变。例如,可控整流电路供给直流电动机负载时,就可能处于有源逆变状态。如果逆变输出的交流电与电网无联系,或者说,交流电仅供给具体用电设备,则这种逆变称为无源逆变。

变频则是指将一种频率的电源变换为另一种频率的电源。它有两种类型,即直-交变频和交-交变频。前者是将直流电变换为所要求的频率或频率可调的交流电;后者,则是将固定频率的交流电直接变换为频率可调的交流电。

由上可以看出,只有无源逆变能用于变频;有源逆变不能变频。但是,无源逆变不等于变频,它可以恒频,也可以变频。所以,逆变与变频的含义既有联系,又有区别。

如图 2-1(a)所示为单相桥式逆变电路,当开关器件 1、2 和 3、4 轮流通断时,则可将直流电压 U_i 变换为负载两端的交流方波输出电压 u_o(见图 2-1(b))。u_o 的频率由逆变器开关器件切换的频率决定。

2.1.2　逆变和变频的两种类型

逆变器和变频器的负载中大多含有电感或电容等储能元件,这些储能元件必然有能量要与外部电路来回交换,通常用无功功率来表示这种能量交换的大小。也就是说,在逆变器和变频器的输入与负载之间将有无功功率的流动。所以,必须在直流输入端也设置

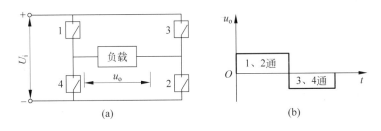

图 2-1 逆变基本原理

储能元件,以缓冲无功能量。

根据对直流输入设置的储能元件和负载无功能量处理方式的不同,逆变器和变频器可以分为电压源型与电流源型。

在直流侧并联大电容 C 来缓冲无功功率称为电压源型(也称恒压源型或电压型)逆变器和变频器,如图 2-2(a)所示。因电容兼有滤波作用,它使直流电压基本无脉动,所以直流回路呈低阻抗,属于电压强制方式。逆变器输出交流电压波形接近于矩形波,输出动态阻抗小。

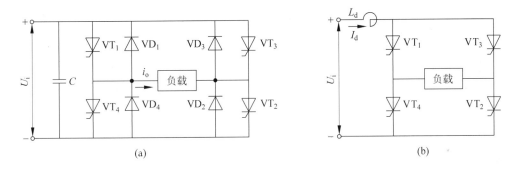

图 2-2 电压源型和电流源型逆变器

需要指出,所有电压源型的逆变器,由于直流侧电压极性不允许改变,回馈无功能量时,只能改变电流通路,为此必须设有反馈二极管(见图 2-2(a)中 $VD_1 \sim VD_4$)为感性负载滞后的电流 i_o 提供反馈到直流电源的通路。例如,假设在晶闸管换流前,负载电流 i_o 如图 2-2(a)所示方向流过,则换流后因滞后还未来得及改变方向,可以经过 VD_3、VD_4 将无功能量反馈回直流电源 U_i。

在直流回路中串入大电感 L_d 储存无功功率,称为电流源型(也称恒流源型或电流型)逆变器和变频器,如图 2-2(b)所示。由于用电感滤波,直流电流基本无脉动,直流电源呈高阻抗,逆变器各开关器件主要起改变直流电流流通路径的作用,逆变器交流输出电流接近矩形波,属于电流强制方式,输出动态阻抗大。

在电流源型逆变器中,直流中间回路的电流 I_d 不能反向,而是用改变逆变器电压的极性来反馈能量,不用设置反馈二极管。

2.2 变频器的分类

变频器的种类很多,分类方法也有多种。变频器根据变流环节不同分类,可以分为交-交变频器和交-直-交变频器;根据直流电路的滤波方式不同分类,可以分为电流型变频器和电压型变频器;根据输出电压调制方式不同来分类,可以分为脉幅调制(PAM)变频器和脉宽调制(PWM)变频器;根据控制方式不同来分类,可以分为 V/f 控制变频器、转差频率控制变频器和矢量控制变频器;根据功能用途不同来分类,可以分为通用变频器和专用变频器等;根据输入电源的相数不同分类,可以分为单相变频器和三相变频器等。下面对其性能特点逐一介绍。

1. 根据变流环节不同分类

(1) 交-交变频器

交-交变频器又称为直接变频装置,它把频率固定和电压固定的交流电源变换成频率和电压连续可调的交流电源。这种交-交变频器省去了直流环节,变频效果较高,主要用于容量较大的低速拖动系统中。

(2) 交-直-交变频器

交-直-交变频器先把工频交流电整流成直流电,再把直流电逆变成连续可调的交流电。由于把直流电逆变成交流电的环节较易控制,频率调节范围较宽,具有明显的优势,是目前使用最多的一种变频器。

2. 根据直流电路的滤波方式不同分类

(1) 电流型变频器

电流型变频器直流中间环节采用的储能元件是大容量电感器。由于采用电感器进行滤波,输出直流电流波形比较平直;电源内阻抗很大,对负载来说基本上是个电流源,所以称为电流型变频器,主电路结构如图 2-3 所示。这种方式适用于频繁可逆运转的变频器。

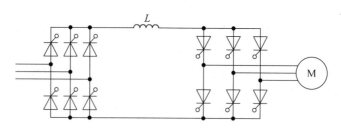

图 2-3　电流型变频器主电路基本结构

(2) 电压型变频器

电压型变频器中,其直流中间电路采用的储能元件是电解电容。由于采用电解电容进行滤波,输出直流电压波形比较平坦,在理想情况下,可以看成是一个内阻为零的电压源,所以称为电压型变频器,主电路结构如图 2-4 所示。现在使用的变频器大多为电压型变频器。

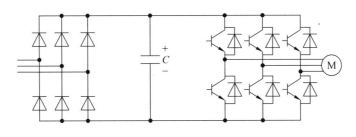

图 2-4 电压型变频器主电路基本结构

3. 根据输出电压调制方式不同分类

(1) 脉幅调制(PAM)变频器

PAM(脉幅调制)变频器输出电压的大小是通过改变电压的幅值来进行调制的,在中小容量变频器中基本上很少使用这种方法。

(2) 脉宽调制(PWM)变频器

PWM(脉宽调制)变频器输出电压的大小是通过改变输出脉冲的占空比来进行调制的。目前普遍应用的是占空比按正弦波规律变化的正弦波脉宽调制方式。

4. 根据控制方式不同分类

(1) V/f 控制变频器

V/f 控制变频器是一种比较简单的控制方式,它的基本特点是对变频器输出的电压和频率按一定比例同时控制,得到需要的转矩。采用 V/f 控制方式的变频器,结构简单,无需速度传感器,为速度开环控制,控制电路成本较低,多用于对速度精度要求不高的通用变频器。

(2) 转差频率控制变频器

转差频率控制方式是对 V/f 控制方式的改进。在采用这种控制方式的变频器中,电动机的实际速度由安装在电动机上的转速传感器和变频器设定频率得到。而变频器的输出频率则由电动机的实际转速与所需转差频率的和被自动设定,从而在进行调速控制的同时,控制电动机输出转矩。这种变频器通用性能较差。

(3) 矢量控制变频器

矢量控制变频器的基本原理是,通过矢量坐标电路测量和控制异步电动机定子电流矢量,根据磁场定向原理,分别对异步电动机的励磁电流和转矩电流进行控制,从而控制异步电动机转矩。采用矢量控制的主要目的是为了提高变频调速系统的动态性能。具体是将电动机定子电流矢量分解成产生磁场的电流分量和产生转矩的电流分量,分别加以控制,并同时控制两分量间的幅值和相位,即控制定子电流矢量,所以称为矢量控制方式。矢量控制方式又可分为转差频率控制的矢量控制方式;无速度传感器矢量控制方式和有速度传感器矢量控制方式。

5. 根据功能用途不同分类

（1）通用变频器

通用变频器主电路采用电压型逆变器，是指能与普通的异步电动机配套使用，能适合于各种不同性质的负载，并具有多种功能的变频器可供选择。

一般用途多数使用通用变频器，但在使用之前必须根据负载性质、工艺要求等因素对变频器进行详细地设置。

（2）专用变频器

专用变频器主要用于对电动机的控制要求较高的系统。与通用变频器相比，高性能专用变频器大多数采用矢量控制方式，驱动对象常是变频器生产厂家指定的专用电动机。在许多应用场合，正在逐步取代直流伺服系统。

6. 根据输入电源相数不同分类

（1）三相变频器

变频器的输入侧和输出端都是三相交流电。绝大多数变频器都属于此类。

（2）单相变频器

变频器的输入侧为单相交流电，输出侧是三相交流电，俗称"单相变频器"。该类变频器通常容量较小，且适合在单相电源情况下使用，如家用电器里的变频器均属于此类。

2.3　变频器的组成及工作原理

变频器是利用电力半导体器件的通断作用将工频电源变换为另一频率的电能控制装置，能实现对交流异步电动机的软启动、变频调速，提高运转精度，改变功率因数，过流、过压、过载保护等功能。各生产厂家生产的通用变频器，其主电路结构和控制电路并不完全相同，但基本的构造原理和主电路连接方式以及控制电路的基本功能都大同小异。通用变频器结构原理示意图如图2-5所示。

从图中可以看出，通用变频器内部主要包括五部分：一是主电路单元，包括接工频电网的输入端(R、S、T)，接电动机的频率、电压连续可调的输出端(U、V、W)；二是监测单元，主要检测各种电压与电流信号；三是控制 CPU 单元，用来处理各种控制信号；四是驱动控制单元(LSI)，主要作用是产生驱动信号；五是参数设置和监视单元，包括液晶显示屏和操作面板键盘。

2.3.1　变频器主电路结构

目前，通用型变频器绝大多数是交-直-交型变频器，通常以电压型变频器为主，其变频器系统框图和主电路图如图2-6和图2-7所示。它是变频器的核心电路，由整流电路(交-直变换)，直流滤波电路(能耗电路)及逆变电路(直-交变换)组成。

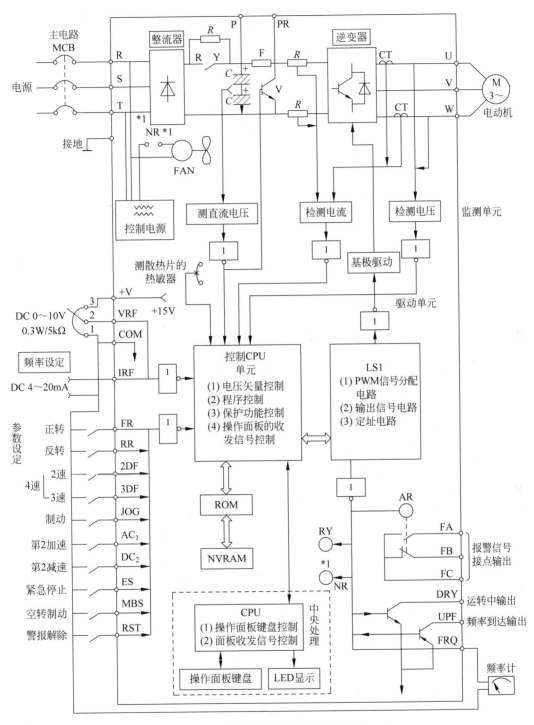

图 2-5　通用变频器结构原理示意图

1. 整流、滤波电路(交流-直流变换电路)

整流电路是变频器中用来将交流变成直流的部分,它主要由整流电路、滤波电路、开

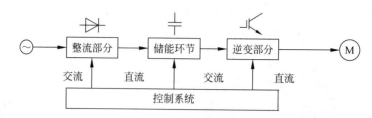

图 2-6　交-直-交型变频器系统框图

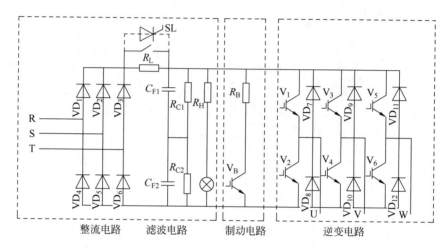

图 2-7　交-直-交型变频器主电路

启电路和吸收回路组成。

（1）$VD_1 \sim VD_6$ 组成三相整流桥，将交流变换为直流。

（2）滤波电容器 C_F 作用：滤除全波整流后的电压纹波；当负载变化时，使直流电压保持平衡。图中的 C_{F1} 和 C_{F2}，由于电容特性不可能完全相同，在每组电容组上并联一个阻值相等的分压电阻 R_{C1} 和 R_{C2}。

（3）R_L 作用：变频器刚合上闸瞬间冲击电流比较大，其作用就是在合上闸后的一段时间内，电流流经 R_L，限制冲击电流，将电容 C_F 的充电电流限制在一定范围内。SL 作用：当 C_F 充电到一定电压，SL 闭合，将 R_L 短路。一些变频器使用晶闸管代替（如图 2-7 虚线所示）。

（4）电源指示 HL 除了作为变频器通电指示外，还可作为变频器断电后，变频器是否有电的指示，灯灭后才能进行拆线等操作。

2. 制动电路

（1）制动电阻 R_B

变频器在频率下降的过程中，将处于再生制动状态，回馈的电能将储存在电容 C_F 中，使直流电压不断上升，甚至达到十分危险的程度。R_B 的作用就是将这部分回馈能量消耗掉。一些变频器此电阻是外接的。

（2）制动单元 V_B

制动单元由 GTR（大功率晶体管）或 IGBT（绝缘栅双极型晶体管）及其驱动电路构

成,其作用是为放电电流 I_B 流经 R_B 提供通路。

3. 逆变电路(直流-交流变换电路)

逆变电路的作用是将直流电变换成交流电,是变频器的主要部分。

(1) 逆变管 $V_1 \sim V_6$

$V_1 \sim V_6$ 组成三相逆变桥,把 $VD_1 \sim VD_6$ 整流的直流电逆变为交流电。逆变管导通时相当于开关接通,逆变管截止时相当于开关断开。常用的逆变管主要有绝缘栅双极晶体管(IGBT)、大功率晶体管(GTR)、可关断晶闸管(GTO)、功率场效应晶体管(MOSFET)等。这是变频器的核心部分。

(2) 续流二极管 $VD_7 \sim VD_{12}$

$VD_7 \sim VD_{12}$ 组成的续流电路有如下作用。

① 电动机是感性负载,其电流中有无功分量,为无功电流返回直流电源提供"通道"。

② 频率下降,电动机处于再生制动状态时,再生电流通过 $VD_7 \sim VD_{12}$ 整流后返回给直流电路。

③ $V_1 \sim V_6$ 逆变过程中,同一桥臂的两个逆变管不停地处于导通和截止状态。在这个换相过程中,也需要 $VD_7 \sim VD_{12}$ 提供通路。

4. 变频器控制电路

控制电路由运算电路、检测电路、控制信号的输入输出电路和驱动电路等构成,其主要任务是完成对逆变器的开关控制、对整流器的电压控制以及各种保护功能等,可采用模拟控制或数字控制。

2.3.2 变频器的调速工作原理

交流异步电动机的转速公式为:

$$n = \frac{60f}{p}(1-s)$$

式中:n——异步电动机的转速(r/min);

$\quad\quad f$——供电频率(Hz);

$\quad\quad p$——电动机磁极对数;

$\quad\quad s$——转差率。

从上式可以看出,若均匀地改变供电频率 f,则可以平滑地改变电动机的转速 n。但是,如果只改变电源频率 f,那么电动机气隙磁通 Φ 及输出转矩 M 也将变化。从电动机及拖动基础知道,异步电动机的定子电势 E_1 为

$$E_1 = 4.44 f_1 W_1 K_1 \Phi$$

式中:W_1——定子绕组匝数;

$\quad\quad K_1$——绕组系数。

如果忽略定子阻抗压降,则定子端电压

$$U_1 = E_1 = 4.44 f_1 W_1 K_1 \Phi$$

上式说明,若定子端电压 U_1 不变,则随着 f_1 的提高,气隙磁通 Φ 将减小。而转矩公

式为

$$M = C_M \Phi I_2' \cos\varphi_2'$$

式中：C_M——转矩常数；

I_2'——转子电流；

φ_2'——转子功率因数角。

可以看出，Φ 的减小将使电动机输出转矩下降，严重时将会使电动机堵转；若 U_1 不变而减小 f_1，则 Φ 增加，这就会使磁路饱和，励磁电流上升导致铁损急剧增加，这也是不允许的。

因此，在许多场合，要求在改变 f_1 的同时也改变定子电压 U_1，以维持 Φ 近似不变。根据 U_1 和 f_1 的不同关系，将有不同的变频调速方式。例如保持 U_1/f_1 等于常数的控制方式，可保持电动机最大转矩 M_m 接近为常数的机械特性。因此，对用于变频调速的变频器一般都要求兼有调压和调频这两种功能常简称为 VVVF（Variable-Voyage Variable Frequency）型变频器。

变频调速有交-交变频与交-直-交变频两种类型。

交-交变频是将固定频率的交流电直接变换成所需频率的交流电，其优点是节省了换流环节，提高了效率，很容易实现四象限运行，其缺点是利用交流电源换流，它的输出最高频率受电网频率限制，一般为电网频率的 1/3，如对于 50Hz、60Hz 电源，其输出最高频率约为 20Hz。另外，主回路元件数量多，相应的控制回路增多，成本较高；电路存在严重谐波，宜适用于低速、大容量的场合。近年来，在交-交变频器方面使用全控器件和 PWM 技术，进行进一步的研究和探索，其最高输出频率可不受电网频率的限制。

图 2-8(a)所示为交-直-交电流型逆变器变频调速主回路框图，可控整流器实现调压，采用大电感 L_1 作为滤波元件，变频器采用电流型逆变器。由于调压和变频分别进行，因而控制电路易于实现；由于 L_1 的作用，能有效地抑制故障电流上升；由于可以通过整流桥和逆变桥的直流电压极性的同时反向，将能量送回交流电网，因此可快速实现四象限运行，适用于频繁加速、减速和变动负载的场合。

图 2-8(b)所示为交-直-交电压型逆变器变频调速主回路框图，二极管整流器担任交-直变换，斩波器实现调压，电压型逆变器实现变频，即有三个功率变换级。由于采用了二极管整流器，因而提高了功率因数，但是，因为二极管整流器不能实现能量的反方向传递，必须另用一组可控整流桥进行逆变，实现再生制动，因此电压型逆变器变频调速适用于快速性要求不高，稳速工作的场合。

图 2-8(c)所示为交-直-交脉宽调制（PWM）电压型逆变器变频调速主电路框图，二极管整流器担任交-直变换，PWM 逆变器完成变频和调压任务。它的优点是系统仅有一个可控功率级，简化了主回路和控制回路结构，从而使装置和调压体积小、重量轻、成本低；由二极管整流器代替了可控整流器，提高了电路的功率因数。

目前交-直-交变频是变频器的主要形式，其中的逆变器，如用晶闸管组成，换流损耗大。

三相逆变电路的原理图如图 2-9 所示。在这个逆变电路中，由 6 个逆变管 $V_1 \sim V_6$ 组成了一个三相逆变桥，这 6 个逆变管交替通断，就可以在输出端得到相位上各差 120° 的三

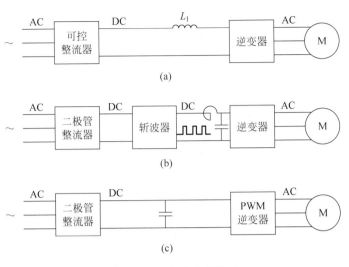

图 2-8　交-直-交变频调速

相交流电。该交流电的频率由逆变管频率决定,而幅值则等于直流电的幅值。为了改变该交流电的相序从而达到改变异步电动机转向的目的,只要改变各个逆变管的通断顺序即可。当位于同一桥臂上的两个逆变管同时处于导通状态时将会出现短路现象,并烧毁逆变管。所以在实际的变频逆变电路中还设有各种相应的辅助电路,以保证逆变电路的正常工作和在发生意外情况时对逆变模块进行保护。

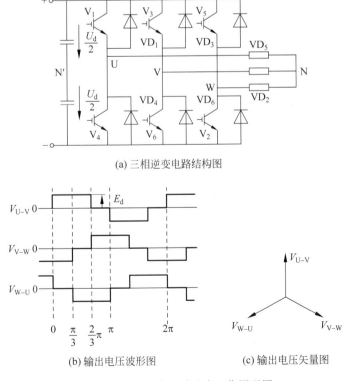

(a) 三相逆变电路结构图

(b) 输出电压波形图　　　　(c) 输出电压矢量图

图 2-9　三相逆变电路基本工作原理图

电压型三相桥式逆变电路的基本工作方式是 180°导电方式,即每个桥臂的导电角度为 180°,同一组上下两个臂交替导电,因为每次换相都是在同一相上、下两个桥臂之间进行的,因此称为纵向换相。6 个管子控制导通的顺序为 $V_1 \sim V_6$,控制间隔为 60°,任一时刻均有 3 个管子同时导通,导通的组合顺序为 $V_1V_2V_3$,$V_2V_3V_4$,$V_3V_4V_5$,$V_4V_5V_6$,$V_5V_6V_1$,$V_6V_1V_2$,每种组合工作 60°。这样,在任一瞬间,将有三个臂同时导通。可能是上面一个臂和下面两个臂,也可能是上面两个臂和下面一个臂同时导通。可见,改变三相逆变桥功率晶体管的导通频率和导通顺序,可以得到不同频率和不同相序的三相交流电。

理论联系实际

同学们,请记住变频器分为交-交和交-直-交两种形式。交-交变频器将电网频率固定的交流电直接转变成频率可调的交流电,属于直接变频;交-直-交变频器先将频率固定的交流电"整流"成直流电,再把直流电"逆变"成频率可调的三相交流电,属于间接变频。随着调速理论的发展,电力电子器件性能的提高,PWM 逆变控制方式在交流调速上得以广泛应用,PWM 逆变控制方式同时实现了变频与调压,提高了控制性能和电动机的动态特性。

实训任务 2　三相桥式有源逆变电路

1. 实训目标

(1) 熟悉三相桥式全控整流及有源逆变电路的接线及工作原理。

(2) 了解集成触发器的调整方法及各点波形。

2. 实训时间

2 学时。

3. 实训器材

(1) MCL 现代运动控制技术实验台主控屏。

(2) MCL-18 组件。

(3) MEL-02 心式变压器。

(4) 滑动变阻器 1.8kΩ,0.65A。

(5) 双踪记忆示波器。

(6) 数字式万用表。

4. 实训内容

(1) 三相桥式全控整流电路。

(2) 三相桥式有源逆变电路。

(3) 观察整流状态下模拟电路故障现象时的波形。

5. 实训原理及步骤

实训线路如图 2-10 所示。主电路由三相全控变流电路及作为逆变直流电源的三相全控整流桥组成。触发电路为数字集成电路,可输出经高频调制后的双窄脉冲链。

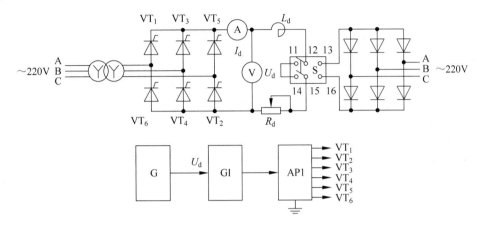

图 2-10　三相桥式全控整流及有源逆变电路图

(1) 接线与调试

① 按图 2-10 接线,未上主电源之前,检查晶闸管的脉冲是否正常。打开 MCL-18 电源开关,给定电压 U_g 有电压显示。

② 用示波器观察双脉冲观察孔,应有间隔均匀、相互间隔 60° 的幅度相同的双脉冲。

③ 检查相序,用示波器观察“1”“2”单脉冲观察孔,“1”脉冲超前“2”脉冲 60°,则相序正确,否则,应调整输入电源。

④ 用示波器观察每只晶闸管的控制极、阴极,应有幅度为 1~2V 的脉冲。

注意:将面板上的 U_{blf}(当三相桥式全控变流电路使用 I 组桥晶闸管 VT_1~VT_6 时)接地,将 I 组桥式触发脉冲的六个按键设置到“接通”。

⑤ 将给定器输出 U_g 接至 U_{ct} 端,调节偏移电压 U_b,在 $U_{ct}=0$ 时,使 $\alpha=150°$。此时的触发脉冲波形如图 2-11 所示。

(2) 三相桥式全控整流电路

① 按图 2-10 接线,将开关 S 拨向左边的短接线端,给定器上的“正给定”输出为零(逆时针旋到底);合上主电路开关,调节给定电位器,使 α 角在 30°~90° 调节(α 角度可由晶闸管两端电压

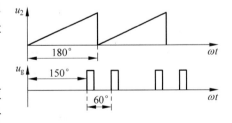

图 2-11　触发脉冲与锯齿波的相位关系

U_T 波形来确定),同时,根据需要不断调整负载电阻 R_d,使得负载电流 I_d 保持在 0.5A 左右(注意 I_d 不得超过 1A)。用示波器观察并记录 $\alpha=30°$、60°、90° 时的整流电压 U_d 和晶闸管两端电压 U_T 的波形,并记录相应的 U_d、U_T 数值到表 2-1 中。

表 2-1　数值记录表

α	30°	60°	90°	120°	150°
U_2					
U_d（记录值）					
U_T（计算值）					

计算公式 $U_d = 2.34U_2 \cos\alpha$。

② 模拟故障现象。当 $\alpha = 60°$ 时，将示波器所观察的晶闸管的触发脉冲按钮开关拨向"脉冲断"位置，模拟晶闸管失去触发脉冲的故障，观察并记录这时的 U_d、U_T 的变化情况，画出整流电压 U_d 和晶闸管两端电压 U_T 的波形。

③ 简单分析模拟故障现象。

6. 实训检查与评价

填写内容及要求见表 2-2。

表 2-2　实训检查与评价表

序　号	检 查 项 目	检 查 得 分
1		
2		
3		
4		
5		

对本次实训教学技能熟练程度的自我评价：

你对改进教学的建议和意见：

评分标准见表 2-3。

表 2-3　评分标准表

序号	考 核 项 目		配分	评分标准（每项累计扣分不超过配分）	扣分	得分
1	正确连接电路		20	不能正确接线，每次扣 3 分		
2	调试	正确使用示波器	15	（1）检测方法不正确，扣 3~15 分； （2）不能判断检测结果，扣 5 分		
		U_d、U_T 数值记录	25	（1）数据不正确，每次扣 5 分； （2）数据计算不正确，扣 5~15 分		
		故障分析	15	（1）分析方法不正确，扣 3~15 分； （2）结果不正确，扣 5 分		

序号	考核项目	配分	评分标准（每项累计扣分不超过配分）	扣分	得分
3	安全文明生产	25	（1）整理、整顿等 5S 情况不到位，扣 5 分； （2）不注重安全操作，视情况扣 5～25 分； （3）课堂纪律不好、没有团结协作精神，扣 5 分； （4）造成人身、设备重大事故，此题计 0 分		
4	合　计	100			

项目

MM420变频器的参数设定与运行

MM4 系列变频器是德国西门子公司生产的广泛应用于工业场合的多功能标准变频器。它采用高性能的矢量控制技术，提供低速高转矩输出和良好的动态特性，同时具备超强的过载能力，以满足广泛的应用场合。使用变频器，首先要熟练对变频器面板的操作，以及根据实际应用，对变频器的各种功能参数进行设置。下面以基本型 MM420 为例作一介绍。

西门子 MM420 是用于控制三相交流电动机速度的变频器系列。该系列有多种型号，从单相电源电压，额定功率 120W 到三相电源电压，额定功率 11kW 变频器可供用户选用。

3.1　MM420 变频器接线原理图

MM420 变频器的电路主要分为两大部分：一是主电路；二是控制电路。MM420 变频器接线原理图如图 3-1 所示。

1. 主电路

主电路是由电源输入单相或三相恒压恒频的正弦交流电压，经整流器整流成恒定的直流电压，供给逆变电路。

2. 控制电路

控制电路由中央处理单元、数字输出、输入继电器触点、模拟输入、模拟输出、操作面板等组成。外部端子功能见表 3-1。

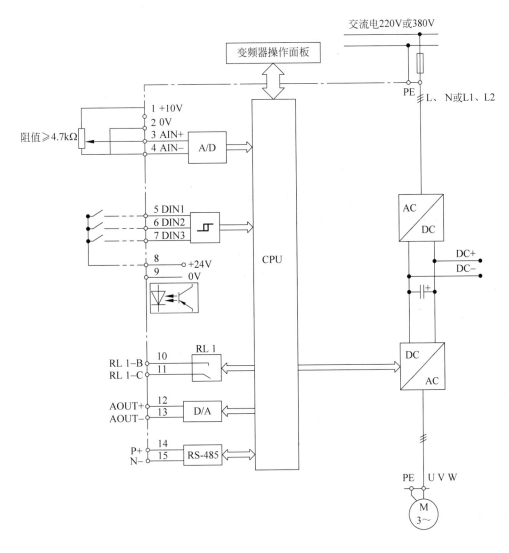

图 3-1　MM420 变频器接线原理图

表 3-1　MM420 外部端子功能

端　子　号	功　　能
端子 1、2	变频器为用户提供的一个高精度的 10V 直流稳压电源
端子 3、4	模拟电压给定输入端 AIN＋、AIN－作为频率给定信号
端子 5、6、7	3 个完全可编程的数字输入端 DIN1、DIN2、DIN3
端子 8、9	24V 直流电源端，为变频器控制电路提供 24V 直流电源
端子 10、11	输出继电器的一对触点
端子 12、13	一对模拟输出端 AOUT＋、AOUT－
端子 14、15	RS-485（USS 协议）端

3.2　MM420 变频器的几种操作面板

MM420 变频器通常装有状态显示面板(SDP),如图 3-2 所示。对于很多用户来说,利用 SDP 和制造厂的默认设置值,就可以使变频器成功地投入运行。有时也可以利用基本操作面板(BOP)或高级操作面板(AOP)修改参数,使工厂的默认设置值与所用设备参数匹配起来。

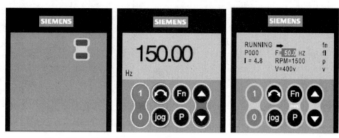

(a) SDP状态显示面板　　(b) BOP基本操作面板　　(c) AOP高级操作面板

图 3-2　MM420 变频器的操作面板

3.3　基本操作面板的认知与操作

MM420 变频器基本操作面板(BOP)按钮功能如图 3-3 所示。利用基本操作面板(BOP)可以对变频器的各个参数进行设置,为了用 BOP 设定参数,首先拆下 SDP,并装上 BOP。BOP 具有 7 段显示的五位数字,可以显示参数的序号和数值,报警和故障信息,以及设定值和实际值。参数的信息不能用 BOP 存储。在默认设置时,用 BOP 控制电动机的功能是被禁止的。用 BOP 进行参数设置,参数 P0700 应设置为 1,参数 P1000 也应设置为 1。

图 3-3　MM420 变频器基本操作面板(BOP)按钮功能

3.3.1 基本操作面板(BOP)

基本操作面板(BOP)上的按钮功能见表3-2。

表 3-2 按钮功能表

显示/按钮	功 能	功 能 释 义
r0000	状态显示	LCD 显示变频器当前的设定值
I	启动	按此键启动变频器。默认值运行时此键是被封锁的。为了使此键的操作有效,应设定 P0700=1
O	停止	OFF1:按此键,变频器将按选定的斜坡下降速率减速停车,缺省值运行时此键被封锁。为了允许此键操作,应设定 P0700=1。 OFF2:按此键两次(或一次,但时间较长)电动机将在惯性的作用下自由停车
↺	转动方向	按此键可以改变电动机的转动方向,电动机反转时,用负号表示或用闪烁的小数点表示,默认值运行时,此键是被封锁的,为了使此键的操作有效,应设定 P0700=1
JOG	点动	在变频器无输出的情况下按此键,将使电动机启动,并按预设定的点动频率运行。释放此键时,变频器停车。如果变频器/电动机正在运行,按此键将不起作用
FN	功能	此键用于浏览辅助信息。 变频器运行过程中,在显示任何一个参数时按下此键并保持不动2s,将显示以下参数值(在变频器运行中从任何一个参数开始): (1) 直流回路电压(用 d 表示,单位:V); (2) 输出电流(A); (3) 输出频率(Hz); (4) 输出电压(用 o 表示,单位 V); (5) 由 P0005 选定的数值(如果 P0005 选择显示上述参数中的任何一个(3、4 或 5),这里将不再显示)。 连续多次按下此键将轮流显示以上参数。 跳转功能:在显示任何一个参数(r××××或 P××××)时短时间按下此键,将立即跳转到 r0000,如果需要的话,可以接着修改其他的参数。跳转到 r0000 后,按此键将返回原来的显示点
P	访问参数	按此键即可访问参数
▲	增加数值	按此键即可增加面板上显示的参数数值
▼	减少数值	按此键即可减少面板上显示的参数数值

3.3.2 操作面板更改参数的数值

1. 设置参数 P0003

按表 3-3 设置参数 P0003。

表 3-3 设置参数 P0003 操作参考表

序号	操作步骤	显示的结果
1	按 P 键，访问参数	r0000
2	按 ▲ 键，直到显示出 P0003	P0003
3	按 P 键，进入参数数值访问级	0
4	按 ▲ 或 ▼ 键，达到所需要的数值	3
5	按 P 键，确认并存储参数的数值	P0003
6	按 ▼ 键，直到显示出 r000	r0000
7	按 P 键，返回标准的变频器显示(有用户定义)	

2. 设置参数 P0703

按表 3-4 设置参数 P0703。

表 3-4 设置参数 P0703 操作参考表

序号	操作步骤	显示的结果
1	按 P 键，访问参数	r0000
2	按 ▲ 键，直到显示出 P0703	P0703
3	按 P 键，进入参数数值访问级	in000
4	按 P 键，显示当前的设定值	9
5	按 ▲ 或 ▼ 键，选择运行所需要的数值	17
6	按 P 键，确认并存储 P0703 的设定值	P0703
7	按 ▼ 键，直到显示出 r000	r0000
8	按 P 键，返回标准的变频器显示(有用户定义)	

3. 改变参数数值每个数字的步骤

为了快速修改参数的数值，可以逐个地单独修改显示出的每个数字，操作步骤如下：

(1) 按 Fn 键，最右边的一个数字闪烁。

(2) 按 ▲/▼ 键，修改这位数字的数值。

(3) 再按 Fn 键，相邻的下一个数字闪烁。

(4) 执行(2)、(3)步，直到显示出所要求的数值。

(5) 按 P 键，退出参数数值的访问级。

3.3.3　变频器常用的设定参数

（1）P0003：用于定义用户访问级，P0003的设定值如下。

P0003=1：标准级，可以访问最经常使用的参数。

P0003=2：扩展级，允许扩展访问参数的范围。

P0003=3：专家级，只供专家使用。

P0003=4：维修级，只供授权的维修人员使用，具有密码保护。

（2）P0004：参数过滤器，用于过滤参数，按功能的要求筛选（过滤）出与该功能相关的参数，这样可以更方便地进行调试。P0004的访问级为1。参数过滤器P0004的设定值如下。

P0004=0：全部参数。

P0004=2：变频器参数。

P0004=3：电动机参数。

P0004=7：命令，二进制输入/输出。

P0004=8：ADC（模数转换）和DAC（数模转换）。

P0004=10：设定值通道/RFG（斜坡函数发生器）。

P0004=12：驱动装置的特征。

P0004=13：电动机的控制。

P0004=20：通信。

P0004=21：报警/警告/监控。

P0004=22：工艺参量控制器（例如PID）。

（3）P0010：变频器工作方式的选择，P0010的访问级为P0003=1。可能的设定值如下。

P0010=0：运行。

P0010=1：快速调试。

P0010=30：恢复工厂默认的设置值。

在P0010=1时，变频器的调试可以非常快速和方便地完成。这时，只可以设置一些重要的参数（例如P0304、P0305等）。这些参数设置完成时，当P3900设定为1~3时，快速调试结束后立即开始变频器参数的内部计算，然后自动把参数P0010复位为0。

（4）P0100：用于确定功率设定值的单位是"kW"还是"hp"以及电动机铭牌的额定频率。P0100只有在快速调试P0010=1时才能被修改，参数的访问级为P0003=1。可能的设定值。

P0100=0：功率设定值的单位为kW，频率默认值为50Hz。

P0100=1：功率设定值的单位为hp，频率默认值为60Hz。

P0100=2：功率设定值的单位为kW，频率默认值为60Hz。

（5）P0300：选择电动机的类型，P0100只有在快速调试P0010=1时才能被修改，参数的访问级为P0003=2。可能的设定值如下。

P0300=1：异步电动机。

P0300＝2：同步电动机。

P0304：电动机的额定电压(V)，应根据所选用电动机铭牌上的额定电压设定。本参数的访问级为1，只有在快速调试 P0010＝1 时才能被修改。

P0305：电动机额定电流(A)，根据电动机铭牌数据的额定电流设定，本参数只能在 P0010＝1(快速调试)时进行修改，访问级为1。

P0307：电动机额定功率，应根据电动机铭牌数据的额定功率(kW/hp)设定。P0100＝0(功率的单位为 kW，频率默认值为 50Hz)时，本参数的单位为 kW。本参数只能在 P0010＝1(快速调试)时才可以修改，访问级为1。

P0308：电动机的额定功率因数，根据电动机铭牌数据的额定功率因数设定，本参数只能在 P0010＝1(快速调试)时进行修改，而且只能在 P0100＝0 或 2(输入的功率以 kW 为单位)时才能见到。但参数的设定值为 0 时，将由变频器内部计算功率因数。本参数的访问级为2。

P0310：电动机的额定频率，设定值为 12～650Hz，默认值为 50Hz，根据电动机铭牌数据的额定频率设定。本参数只能在 P0010＝1(快速调试)时进行修改，访问级为1。

P0311：电动机的额定速度(r/min)，本参数只能在 P0010＝1(快速调试)时进行修改。参数的设定值为 0 时，将由变频器内部计算电动机的额定速度。对于带有速度控制器的矢量控制和 V/f 控制方式，必须有这一参数值。如果对这一参数进行了修改，变频器将自动重新计算电动机的极对数。本参数的访问级为1。

(6) P0700：选择命令源，即变频器运行控制指令的输入方式，访问级为1，可能的设定值如下。

P0700＝0：工厂的默认设置。

P0700＝1：由变频器的基本面板 BOP 设置。

P0700＝2：由变频器的开关量输入端(DIN1～DIN4)进行控制，DIN1～DIN4 的控制功能通过参数 P0701～P0704 定义。

P0700＝4：通过 BOP 链路的 USS 设置。

P0700＝5：通过 COM 链路的 US 设置。

P0700＝6：通过 COM 链路的通信板(CB)设置。

改变这一参数时，同时也使所选项目的全部设置值复位为工厂的默认的设置值。例如，把它的设定值由 1 改为 2 时，所有的数字输入都将复位为默认的设置值。

P0701：数字输入 DIN1 的功能。

P0702：数字输入 DIN2 的功能。

P0703：数字输入 DIN3 的功能。

P0704：数字输入 DIN4 的功能。

P0701～P0704 的访问级为 2 时，其设定值如下。

0：禁止数字输入即不使用该端子。

1：ON/OFF1(接通正转/停车命令 1)。

2：ON reverse/OFF1(接通反转/停车命令 1)。

3：OFF2(停车命令 2)，电动机按惯性自由停车。

4：OFF3(停车命令3)，电动机快速停车。

9：故障确认。

10：正向点动。

11：反向点动。

12：反转。

13：MOP(电动电位计)升速(增加频率)。

14：MOP 降速(减少频率)。

15：固定频率设定值(直接选择)。

16：固定频率设定值(直接选择＋ON 命令)。

17：固定频率设定值(二进制编码的十进制数(BCD 码)选择＋ON 命令)。

21：机旁/远程控制。

25：直流注入制动。

29：由外部信号触发跳闸。

33：禁止附加频率设定值。

99：使能 BICO 参数化(仅用于特殊用途)。

(7) P0970：工厂复位。P0970＝1 时所有的参数都复位到它们的默认值。工厂复位前，首先要设定 P0010＝30(工厂设定值)，且变频器停车。本参数的访问级为1，可能的设定值如下。

P0970＝0：禁止复位。

P0970＝1：参数复位。

(8) P1000：频率设定值的选择。本参数的访问级为1，常用的设定值如下。

P1000＝1：MOP 设定值。

P1000＝2：模拟设定值。

P1000＝3：固定频率。

P1000＝4：通过 BOP 控制面板，由连接总线以 USS 串行通信协议设定。

P1000＝5：通过 COM 链路的 USS 设定，即由 RS-485 接口通过连接总线以 USS 串行通信协议，由 PLC 设定。

P1000＝6：通过 COM 链路的 CB 设定，即由通信接口模块通过连接总线进行设定。

P1001～P1007：定义固定频率1～7的设定值。访问级为2。为了使用固定频率功能，需要用 P1000＝3 选择固定频率的操作方式。有 3 种选择固定频率的方法。

① 直接选择(P0701～P0703＝15)

在这种操作方式下，一个数字输入选择一个固定频率，还需要一个 ON 命令才能使变频器投入运行。

如果有几个固定频率输入同时被激活，即数字输入端接通，为1，选定的频率是它们的总和。

例如，FF1＋FF2＋FF3。

② 直接选择＋ON 命令(P0701～P0703＝16)

选择固定频率时，既有选定的固定频率，又带有 ON 命令，把它们组合在一起。

在这种操作方式下,一个数字输入选择一个固定频率。如果有几个固定频率输入同时被激活,选定的频率是它们的总和。

例如,FF1+FF2+FF3。

③ 二进制编码的十进制数(BCD 码)选择+ON 命令(P0701～P0703=17)

设定方法见表 3-5,使用这种方法最多可以选择 7 个固定频率。

表 3-5　二进制编码的十进制数(BCD 码)选择+ON 命令的七段频率设定

参　数	频率	DIN3	DIN2	DIN1
	OFF	0	0	0
P1001	FF1	0	0	1
P1002	FF2	0	1	0
P1003	FF3	0	1	1
P1004	FF4	1	0	0
P1005	FF5	1	0	1
P1006	FF6	1	1	0
P1007	FF7	1	1	1

(9) P1080:变频器输出的最低频率(Hz)。其范围为 0.00～650.00Hz,工厂默认值为 0Hz。本参数访问级为 1。

P1082:变频器输出的最高频率(Hz)。其范围为 0.00～650.00Hz,工厂默认值为 50Hz。本参数访问级为 1。

(10) P1120:斜坡上升时间(即电动机从静止状态加速到最高频率 P1082 设定值所用的时间),其设定范围为 0～650s,工厂默认值为 10s,本参数的用户访问级为 1。

P1121:斜坡下降时间(即电动机从最高频率 P1082 设定值减速到静止状态所用的时间),其设定范围为 0～650s,工厂默认值为 10s,如果设定的斜坡下降时间太短,就有可能导致变频器跳闸。本参数访问级为 1。

(11) P1300:变频器的控制方式,控制电动机的速度和变频器的输出电压之间的相对关系,当 P1300=0 时为线性特性的 V/f 控制。本参数访问级为 2。

(12) P3900:结束快速调试,本参数只在 P0010=1(快速调试)时才能改变。本参数访问级为 2。可能的设定值如下。

P3900=0:不用快速调试。

P3900=1:结束快速调试,并按工厂设置使参数复位。

P3900=2:结束快速调试。

P3900=3:结束快速调试,只进行电动机数据的计算。

3.3.4　将变频器复位为出厂设置

变频器的参数设定错误,将影响变频器的正常运行,可以使用基本面板或高级面板操作,将变频器的所有参数恢复到工厂默认值,应按照下面的数值设定参数(用 BOP、AOP 或必要的通信选件)。

(1) 设定 P0010＝30。

(2) 设定 P0970＝1。

3.3.5 设置电动机参数

将变频器调入快速调试状态,进行电动机参数的设置。与电动机有关的参数请参看电动机的铭牌(如果不预先进行参数设置的话,虽然变频器能驱动电动机,但是变频器会发出"A0922"报警,即变频器没有负载)。

变频器快速调试的流程(仅适用于第1访问级)如下。

(1) P0010 开始快速调试(0 准备运行;1 快速调试;30 工厂的默认设置值)。

说明:在电动机投入运行前,P0010 必须回到"0"。但是,如果调试结束后选定 P3900＝1,那么,P0010 回零的操作是自动进行的。

(2) P0100 选择工作地区是欧洲/北美(0:功率单位为 kW;频率的默认值为 50Hz。1:功率单位为 hp;频率的默认值为 60Hz。2:功率单位为 kW;频率的默认值为 60Hz)。

说明:P0100 的设定值 0 和 1 应该用 DIP 关来更改,使其设定的值固定不变。

(3) P0304:电动机的额定电压(V)(根据铭牌键入的电动机额定电压)。

(4) P0305:电动机的额定电流(A)(根据铭牌键入的电动机额定电流)。

(5) P0307:电动机的额定功率(kW)(根据铭牌键入的电动机额定功率)。

(6) P0310:电动机的额定频率(Hz)(根据铭牌键入的电动机额定频率)。

(7) P0311:电动机的额定转速(r/min)(根据铭牌键入的电动机额定转速)。

(8) P0700:选择命令源接通/断开/反转(0:工厂设置值;1:基本操作面板(BOP);2:输入端子/数字输入)。

(9) P1000:选择频率设定值(0:无频率设定值;1:用 BOP 控制频率的升降;2:模拟设定值)。

(10) P1080:电动机最小频率。本参数设定电动机的最小频率(0～650Hz)。达到这一频率时电动机的运行速度将与频率的设定值无关。

(11) P1082:电动机最大频率。本参数设定电动机的最大频率(0～650Hz)。达到这一频率时电动机的运行速度将与频率的设定值无关。

(12) P1120:斜坡上升时间(0～650s 电动机从静止加速到最大转速所需的时间)。

(13) P1121:斜坡下降时间(0～650s 电动机从最大转速减到静止所需的时间)。

(14) P3900:结束快速调试(0:结束快速调试,不进行电动机计算或复位为工厂默认设置值;1:结束快速调试,进行电动机计算和复位为工厂默认设置值(推荐的方式);2:结束快速调试,进行电动机计算和输入/输出复位;3:结束快速调试,进行电动机计算,但不进行输入/输出复位)。

3.4　MM420变频器运行参数

3.4.1　常用频率参数

（1）给定频率：与给定信号相对应的频率。MM420变频器通过参数P1000设定给定频率的信号源。

（2）输出频率：变频器实际输出的频率。

（3）基本频率：与变频器的最大输出电压相对应的频率。需要注意的是：基本频率的大小与给定信号是无关的。MM420变频器通过参数P2000设定基本频率。默认频率为50Hz。

（4）最大频率：与最大给定信号相对应的频率，也是变频器允许输出的最高频率。在任何情况下，变频器的输出频率都不可能超过最大频率。用f_{max}表示。

（5）上限频率：与生产机械所要求的最高转速相对应的频率，用f_H表示。例如，某风机要求的最高转速是750r/min，电动机转速是1500r/min，与此对应的运行频率便是上限频率f_H。上限频率与最高频率之间，必有$f_H \leqslant f_{max}$。MM420变频器通过参数P1080设定上限频率。

（6）下限频率：与生产机械所要求的最低转速相对应的频率，用f_L表示。例如，某风机要求的最低转速是300r/min，电动机转速是600r/min，与此对应的运行频率便是下限频率f_L。MM420变频器通过参数P1082设定下限频率。

（7）回避频率：也叫跳跃频率，是指不允许变频器连续输出的频率，用f_J表示。任何机械都有一个固有的振荡频率，它取决于机械的结构。其运动部分的固有振荡频率常常和运动部分与机座之间以及各运动部分之间的紧固情况有关。而机械在运动过程中的实际振荡频率则与运动的速度有关。在对机械进行变频调速的过程中，机械的实际振荡频率也在不断地变化。当机械的实际振荡频率和它的固有振荡频率相等时，机械将发生谐振。这时，振动将十分剧烈，可能导致机械的损坏。为了避免机械谐振的发生，应让拖动机械跳过谐振所对应的转速，即设置回避频率f_J，使拖动系统"回避"掉可能引起谐振的转速。

（8）点动频率：变频器在点动时的给定频率。为了安全，大多数点动运转的频率都较低。一般的变频器都提供了预置点动频率的功能。

MM420变频器通过参数P1058设定正向点动频率，通过参数P1059设定反向点动频率，通过参数P1060设定点动加速时间，通过参数P1061设定点动减速时间。

（9）多段转速频率：MM420变频器的3个数字输入端子（DIN1、DIN2、DIN3），可以通过P0701～P0703设置实现多段转速控制。每一频段的频率由P1001～P1007参数设置，最多实现7段转速频率控制。电动机转动方向可由P1001～P1007参数设置的频率正、负所决定。

3.4.2　变频器加速、减速时间

（1）加速时间：工作频率从 0 上升到设定运行的频率所需要的时间。

（2）减速时间：变频器设定运行的频率减到 0 所需要的时间。

加减速时间设为 0 经常出现的现象就是过流报警或是过压报警，如果不设这个时间，就会引起启动电流过大，变频器起不到调速、节能和保护设备的作用。

3.5　运行电动机

调试结束后检查电源变频器和电动机的连接情况，特别值得注意的是电源的接地情况。变频器模块外壳是塑料的，电动机与变频器模块的接地一定要连接到实验台的接地端子，以防漏电时，发生意外。其具体连接情况如图 3-4 所示。

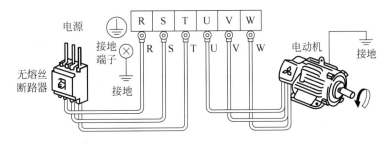

图 3-4　电动机与变频器连接示意图

按 ⊙ 键运行电动机。按下"数值增加"⊙ 键，调节变频器输出频率最高达到 50 Hz。当变频器的输出频率达到 50 Hz 时，可按下"数值降低"⊙ 键，变频器输出频率显示值逐渐下降。用 ⊙ 键，可以改变电动机的转动方向。按下 ⊙ 键，电动机停车。

注意：在快速调速时，P0700 设置为 1，P1000 设置为 1。

需要注意的是，变频器控制一般的交流异步电动机运行时，变频器不能调至 1 Hz，因为 1 Hz 时已经接近直流，电动机将运行在变频器限制内的最大电流下工作，电动机将会发热严重，很有可能烧毁电动机。如果超过 50 Hz 运行会增大电动机的铁损，对电动机也是不利的，一般最好不要超过 60 Hz。短时间内超过是允许的，否则也会影响电动机的使用寿命。另外，由于变频器和交流伺服电动机在性能和功能上的不同，应用上也不大相同，交流伺服电动机不可以用变频器控制。

理论联系实际

同学们，变频器参数一定要正确设置，使用时要先进行参数复位（P0010 ＝ 30，P0970 ＝ 1）。设 P0010 ＝ 1，开始快速调试。为了使电动机和变频器相匹配，需要设置电动机的参数与选用电动机型号一致。电动机参数设置完成后，设 P0010 ＝ 0，变频器处于准备状态，才可正常运行。

实训任务3　变频器功能参数设置与操作

1. 实训目标

（1）了解 MM420 变频器基本参数输入的方法。

（2）掌握使用操作面板修改变频器参数的方法。

（3）掌握快速调试的内容及方法。

2. 实训时间

2 学时。

3. 实训器材

（1）MM420 变频器模块 1 台。

（2）实验电路板及器件 1 套。

（3）异步电动机 1 台（型号自备）。

（4）电位器 $R_P \geqslant 5k\Omega$。

4. 实训内容

用基本操作面板（BOP）更改参数的数值。

5. 实训原理及步骤

（1）修改访问级参数 P0003 的步骤

操作步骤见表 3-6。

表 3-6　修改访问级参数 P0003 的步骤

序号	操　　作	显　示　结　果
1	按 P 键，访问参数	r0000
2	按 ▲ 键，直到显示出 P0003	P0003
3	按 P 键，进入参数访问级	1
4	按 ▲ 或 ▼ 键，达到所要求的数值（例如：3）	3
5	按 P 键，确认并存储参数的数值	P0003
6	现在已设定访问级为 3，使用者可以看到第 1 级至第 3 级的全部参数	

（2）改变参数数值的操作

为了快速修改参数的数值，可以逐个地单独修改显示出的每个数字，操作步骤如下：当已处于某一参数数值的访问级，用 BOP 修改参数。

① 按 FN 键，最右边的一个数字闪烁。

② 按 ▼/▲ 键，修改数字的数值。

③ 再按 FN 键，相邻的下一位数字闪烁。

④ 执行②、③步骤,直到显示出所要求的数值。

⑤ 按 🅿 键,退出参数数值的访问级。

(3) 快速调试(P0010＝1)

利用快速调试功能使变频器与实际使用的电动机参数相匹配,并对重要的技术参数进行设定。

在快速调试的各个步骤都完成以后,应选定 P3900。如果把它置1,将执行必要的电动机计算,并使其他所有的参数(P0010＝1不包括在内)恢复为出厂默认设置值。

只有在快速调试方式下才进行这一操作。

快速调试的操作步骤见表 3-7。

表 3-7　快速调试的操作步骤

步骤	参数号及说明	参数设置值及说明	出厂默认值	备　注
1	P0003:选择访问级	1:第1访问级	1	
2	P0010:开始快速调试	1:快速调试	0	在电动机投入运行前,P0010必须回到"0"。但是,如果调试结束后选定 P3900＝1,那么,P0010回"0"的操作是自动进行的
3	P0100:选择工作地区是欧洲/北美	0:功率单位为 kW;频率的默认值为 50Hz	0	
4	P0304:电动机的额定电压	根据电动机铭牌键入的电动机的额定电压(V)	4	P0304:电动机的额定电压
5	P0305:电动机的额定电流	根据电动机铭牌键入的电动机额定电流(A)	5	P0305:电动机的额定电流
6	P0307:电动机的额定功率	根据电动机铭牌键入的电动机额定功率(kW)	6	P0307:电动机的额定功率
7	P0310:电动机的额定频率	根据电动机铭牌键入的电动机额定频率(Hz)	7	P0310:电动机的额定频率
8	P0311:电动机的额定速度	根据铭牌键入的电动机额定速度(r/min)	8	P0311:电动机的额定速度
9	P0700:选择命令源	1:BOP 基本操作面板	2	选择命令信号源如下。0:出厂时的默认设置。1:BOP(变频器键盘)。2:由端子排输入。4:通过 BOP 链路的 USS 设置。5:通过 COM 链路的 USS 设置。6:通过 COM 链路的 CB 设置

续表

步骤	参数号及说明	参数设置值及说明	出厂默认值	备　　注
10	P1000：选择频率设定值	1：用 BOP 控制频率的升降	2	选择频率设定值如下。 1：MOP（电动电位计）设定值。 2：模拟设定值。 3：固定频率设定值。 4：通过 BOP 链路的 USS 设置。 5：通过 COM 链路的 USS 设置。 6：通过 COM 链路的 CB 设置

6. 实训检查与评价

按表 3-8 要求填写内容。

表 3-8　实训检查与评价表

序　　号	检查内容	检查得分

对本次实训教学技能熟练程度的自我评价：

你对改进教学的建议和意见：

评分标准见表 3-9。

表 3-9　评分标准表

序号	考核项目	要　　求	配分	评分标准（每项累计扣分不超过配分）	扣分	得分
1	接线	能正确使用工具和仪表，按照电路图正确接线	20	（1）接线不规范，每处扣 5～10 分； （2）接线错误，扣 20 分		
2	参数设置	能根据任务要求正确设置变频器参数	30	（1）参数设置不全，每处扣 5 分； （2）参数设置错误，每处扣 5 分		
3	操作调试	操作调试过程正确	40	（1）变频器操作错误，扣 10 分； （2）调试失败，扣 20 分		
4	安全文明生产	操作安全规范、环境整洁	10	违反安全文明生产规程，扣 5～10 分		
	合　　计		100			

操作面板(BOP)基本调速

MM420 是全新一代模块化设计的多功能标准变频器。具有全新的 IGBT 技术、强大的通信能力、精确的控制性能和高可靠性等。

4.1 主要功能

1. 控制功能

(1) 线性 V/f 控制,平方 V/f 控制,可编程多点设定 V/f 控制。

(2) 磁通电流控制(FCC),可以改善动态响应特性。

(3) 最新的 IGBT 技术,数字微处理器控制。

(4) 数字量输入 3 个,模拟量输入 1 个,模拟量输出 1 个,继电器输出 1 个。

(5) 集成 RS-485 通信接口,可选 PROFIBUS-DP 通信模块/Device-Net 模板。

(6) 具有 7 个固定频率,4 个跳转频率,可编程。

2. "捕捉再启动"功能

(1) 在电源消失或故障时具有"自动再启动"功能。

(2) 灵活的斜坡函数发生器,带有起始段和结束段的平滑特性。

(3) 快速电流限制(FCL),防止运行中不应有的跳闸。

(4) 直流制动和复合制动方式,提高制动性能。

(5) 采用 BiCo 技术,实现输入/输出端口自由连接。

3. 保护功能

(1) 过载能力为 150% 额定负载电流,持续时间为 60s。

(2) 过电压、欠电压保护。

(3) 变频器过温保护。

(4) 接地故障保护,短路保护。

（5）采用 PTC 通过数字端接入的电动机过热保护。

（6）采用 PIN 编号实现参数联锁。

（7）闭锁电动机保护，失速保护。

4.2　参数简要介绍

变频器的参数可用基本操作面板（BOP）、高级操作面板（AOP）或者通过串行通信接口进行修改。

变频器通过 BOP 上的 <kbd>JOG</kbd> 键或外接数字端子控制电动机按照预置的点动频率进行点动运行。在默认设置时，用 BOP 控制电动机的功能是被禁止的。如果要用 BOP 进行控制，参数 P0700 应设置为 1，参数 P1000 也应设置为 1。

用 BOP 可以修改和设定系统参数，使变频器具有期望的特性，例如，斜坡时间、最小频率和最大频率等。选择的参数号和设定的参数值在五位数字的 LCD（可选件）上显示。

只读参数用 r××××表示，P××××表示设置的参数。

4.3　接　线　图

BOP 面板控制电动机点动运行接线图如图 4-1 所示。

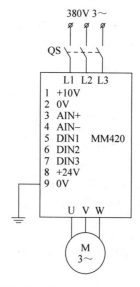

图 4-1　BOP 面板控制电动机点动运行接线图

4.4　变频器基本操作面板(BOP)运行状态参数设置

（1）复位工厂默认设置：P0010＝30，P0970＝1。（约5s）

（2）设置电动机参数。为了使电动机和变频器相匹配,需要设置电动机的参数与选用电动机型号一致。电动机参数设置完成后,设P0010＝0,变频器处于准备状态,可正常运行。

（3）设置基本参数。

① P0003＝3：设用户访问级为专家级。

② P0004＝0：参数过滤显示全部参数。

③ P0700＝1：选择命令源,由BOP(键盘)输入设定值。

④ P1000＝1：由键盘(MOP)设定值。

⑤ P1040＝40：设定键盘控制的频率(Hz)。

⑥ P1058＝10：正向点动频率(Hz)。

⑦ P1059＝10：反向点动频率(Hz)。

⑧ P1080＝0：电动机运行的最低频率(Hz)。

⑨ P1082＝50：电动机运行的最高频率(Hz)。

⑩ 退出参数设置,准备运行。

4.5　操　作　控　制

（1）正向点动：按住 🆓 键,电动机正向运转(10Hz),松开 🆓 键电动机停转。

（2）反向点动：按 🔄 键后,按住 🆓 键电动机反向运转(10Hz),松开 🆓 键电动机停转。

（3）启动：按 🔘 键,电动机启动,转速为P1040所设置的40Hz对应的转速。按 🔺 键电动机升速,最高转速为P1082所设置的50Hz对应的转速；按 🔻 键电动机降速,最低转速为P1080所设置的0对应的转速。

（4）改变电动机旋转方向：电动机启动后,无论转速对应在哪个频率上,只要按 🔄 键,电动机将停转后自动反向启动,运转在原频率对应的转速上。

（5）停转：按 🔘 键,电动机停止旋转。

（6）修改参数数值的一个数字。

为了快速修改参数的数值,可以逐个地单独修改显示出的每个数字。

① 按 🔠 键,最右边的一个数字闪烁。

② 按 🔺/🔻 键,修改这位数字的数值。

③ 按 **FN** 键,相邻的下一位数字闪烁。

④ 执行②、③步,直到显示出所要求的数值。

⑤ 按 **P** 键,退出参数数值的访问级。

实训任务4 变频器的面板操作与运行

1. 实训目标

(1) 熟悉 MM420 变频器基本操作面板使用。

(2) 利用变频器基本操作面板作运行参数设置。

(3) 利用变频器基本操作面板对交流异步电动机作点动启动、可逆运转与频率调节。

2. 实训时间

2 学时。

3. 实训器材

(1) MM420 变频器模块 1 台。

(2) 实验电路板及器件 1 套。

(3) 三相异步电动机 1 台(型号自备)。

4. 实训内容

(1) 西门子 MM420 变频器面板(BOP)的基本操作使用。

(2) 变频器与电动机的连接。

(3) 变频器的参数设置。

(4) 变频器的运行。

5. 实训原理及步骤

(1) 按要求接线

系统接线如图 4-2 所示,检查电路正确无误后,合上主电源开关 QS。

(2) 参数设置

① 设定 P0010＝30 和 P0970＝1,按下 **P** 键,开始复位,复位过程大约 3min,这样就可以保证变频器的参数恢复到工厂默认值。

② 设置电动机参数。为了使电动机与变频器相匹配,根据所用电动机铭牌标示设置电动机参数。电动机参数设置见表 4-1。电动机参数设定完成后,设 P0010＝0,变频器当前处于准备状态,可正常运行。

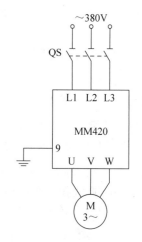

图 4-2 变频调速接线图

表 4-1 电动机参数设置

参数号	出厂值	设 置 值	说 明
P0003	1	1	设定用户访问级为标准级
P0010	0	1	快速调试
P0100	0	0	功率以 kW 表示,频率为 50Hz
P0304	230	380	电动机额定电压(V)
P0305	3.25	铭牌标注	电动机额定电流(A)
P0307	0.75	铭牌标注	电动机额定功率(kW)
P0310	50	50	电动机额定频率(Hz)
P0311	0	铭牌标注	电动机额定转速(r/min)

③ 设置面板操作控制参数,见表 4-2。

表 4-2 面板基本操作控制参数

参数号	出厂值	设置值	说 明
P0003	1	3	设用户访问级为专家级
P0004	0	0	参数过滤显示全部参数
P0700	2	1	由键盘输入设定值(选择命令源)
P1000	2	1	由键盘(电动电位计)输入设定值
P1040	5	25	设定键盘控制的频率值(Hz)
P1058	5	10	正向点动频率(Hz)
P1059	5	10	反向点动频率(Hz)
P1060	10	5	点动斜坡上升时间(s)
P1061	10	5	点动斜坡下降时间(s)
P1080	0	0	电动机运行的最低频率(Hz)
P1082	50	50	电动机运行的最高频率(Hz)

（3）变频器运行操作

① 变频器启动：在变频器的前操作面板上按运行 键,变频器将驱动电动机升速,并运行在由 P1040 所设定的 25Hz 频率对应的 700r/min 的转速上。

② 正反转及加减速运行：电动机的转速（运行频率）及旋转方向可直接通过按前操作面板上的键（ / ）来改变。

③ 点动运行：按下变频器前操作面板上的点动 键,则变频器驱动电动机升速,并运行在由 P1058 所设置的正向点动 10Hz 频率值上。当松开变频器前面板上的点动键,则变频器将驱动电动机降速至 0。这时,如果按一下变频器前操作面板上的换向键,再重复上述的点动运行操作,电动机可在变频器的驱动下反向点动运行。

④ 电动机停车：在变频器的前操作面板上按停止 键,则变频器将驱动电动机降速至 0。

6. 实训检查与评价

按表 4-3 要求填写内容。

表 4-3　实训检查与评价表

序　号	检查内容	检查得分
1	接线	
2	参数设置	
3	操作调试	
4	安全文明生产	

对本次实训教学技能熟练程度自我评价：

你对改进教学的建议和意见：

评分标准见表 4-4。

表 4-4　实训标准操作评价表

序号	主要内容	考核要求	评分标准	配分	扣分	得分
1	接线	能正确使用工具和仪表，按照电路图正确接线	(1) 接线不规范，每处扣 5～10 分； (2) 接线错误，扣 20 分	20		
2	参数设置	能根据任务要求正确设置变频器参数	(1) 参数设置不全，每处扣 5 分； (2) 参数设置错误，每处扣 5 分	30		
3	操作调试	操作调试过程正确	(1) 变频器操作错误，扣 10 分； (2) 调试失败，扣 20 分	40		
4	安全文明生产	操作安全规范、环境整洁	违反安全文明生产规程，扣 5～10 分	10		
总分：	学号：	姓名：	实际工时：	教师签字：		学生成绩：

变频器外部端子基本调速

电动机经常根据各类机械的某种状态而进行正转、反转、点动等运行，变频器的给定频率信号、电动机的启动信号等都是通过控制端子给出，即变频器的外部运行操作，大大提高了生产过程的自动化程度。下面就来学习变频器的外部运行操作相关知识。

5.1 MM420 变频器外部端子

MM420 变频器外部端子接线图如图 5-1 所示。

MM420 变频器的"1""2"输出端为用户的给定单元提供了一个高精度的＋10V 直流稳压电源。可利用转速调节电位器串联在电路中，调节电位器，改变输入端口 AIN1＋给定的模拟输入电压，变频器的输入量将紧紧跟踪给定量的变化，从而平滑无极地调节电动机转速的大小。

MM420 变频器为用户提供了模拟输入端口，即端口"3""4"，通过设置 P0701 的参数值，使数字输入"5"端口具有正转控制功能；通过设置 P0702 的参数值，使数字输入"6"端口具有反转控制功能；模拟输入"3""4"端口外接电位器，通过"3"端口输入大小可调的模拟电压信号，控制电动机转速的大小。即由数字输入端控制电动机转速的方向，由模拟输入端控制转速的大小。

MM420 变频器的 3 个数字输入端口（DIN1～DIN3），即端口"5""6""7"，每一个数字输入端口功能很多，用户可以通过 3 个数字输入端口对电动机进行正反转运行、正反转点动运行方向等控制。

P0701～P0703 每个参数值范围均为 0～99，出厂默认值均为 1。表 5-1 列出了其中几个常用的参数值。

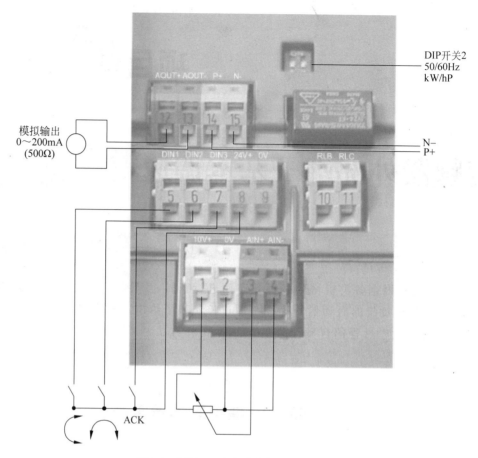

图 5-1　MM420 变频器外部端子接线图

表 5-1　MM420 数字输入端口功能设置表

参数值	功 能 说 明
0	禁止数字输入
1	ON/OFF1(接通正转、停车命令 1)
2	ON/OFF1(接通反转、停车命令 1)
3	OFF2(停车命令 2),按惯性自由停车
4	OFF3(停车命令 3),按斜坡函数曲线快速降速
9	故障确认
10	正向点动
11	反向点动
12	反转
13	MOP(电动电位计)升速(增加频率)
14	MOP 降速(减少频率)
15	固定频率设定值(直接选择)
16	固定频率设定值(直接选择＋ON 命令)
17	固定频率设定值(二进制编码选择＋ON 命令)
25	直流注入制动

5.2 外部端子控制可逆运转及电位器调速

5.2.1 接线图

外接端子控制可逆运转及电位器调速运行接线图如图 5-2 所示。

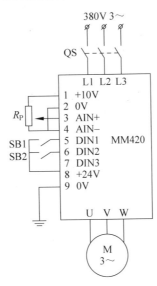

图 5-2 外接端子控制可逆运转及电位器调速运行接线图

5.2.2 变频器基本操作面板（BOP）运行状态参数设置

（1）复位工厂默认设置：P0010＝30,P0970＝1。（约 10s）

（2）设置电动机参数。为了使电动机和变频器相匹配,需要设置电动机的参数与选用电动机型号一致。电动机参数设置完成后,设 P0010＝0,变频器处于准备状态,可正常运行。

（3）设置基本参数。

① P0003＝3：设用户访问级为专家级。

② P0004＝0：参数过滤显示全部参数。

③ P0700＝2：选择命令源,由端子排输入。

④ P0701＝1：ON 接通正转,OFF 停止。

⑤ P0702＝2：ON 接通反转,OFF 停止。

⑥ P1000＝2：频率设定值选择为"模拟输入"。

⑦ P1080＝0：电动机运行的最低频率（Hz）。

⑧ P1082＝50：电动机运行的最高频率（Hz）。

⑨ 退出参数设置,准备运行。

5.2.3　操作控制

(1) 电动机正转:按下自锁按钮 SB1(5~8 接通),数字输入口 DIN1 为 ON,电动机启动正转运转。转速由外接电位器 R_P 调节,模拟信号为 0~10V,对应变频器频率为 0~50Hz,电动机转速为 0~1440r/min。

(2) 停转:放开自锁按钮 SB1,电动机停止旋转。

(3) 电动机反转:按下自锁按钮 SB2(6~8 接通),数字输入口 DIN2 为 ON,电动机启动反转运转。转速仍由外接电位器 R_P 调节,运行状态与正转相同。

(4) 停转:放开自锁按钮 SB2,电动机停止旋转。

5.3　数字端子控制电动机可逆运转

5.3.1　数字端子控制电动机可逆运转接线图

数字端子控制电动机可逆运转接线图如图 5-3 所示。

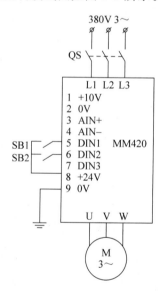

图 5-3　数字端子控制电动机可逆运转接线图

5.3.2　变频器基本操作面板(BOP)运行状态参数设置

(1) 复位工厂默认设置:P0010=30,P0970=1。(约 10s)

(2) 设置电动机参数。为了使电动机和变频器相匹配,需要设置电动机的参数与选用电动机型号一致。电动机参数设置完成后,设 P0010=0,变频器处于准备状态,可正常运行。

（3）设置基本参数。

① P0003＝3：设用户访问级为专家级。

② P0004＝0：参数过滤显示全部参数。

③ P0700＝2：选择命令源,由端子排输入。

④ P0701＝1：ON 接通正转,OFF 停止。

⑤ P0702＝2：ON 接通反转,OFF 停止。

⑥ P1000＝1：键盘（MOP）设定值。

⑦ P1040＝40：设键盘（MOP）控制的频率（Hz）。

⑧ P1080＝0：电动机运行的最低频率（Hz）。

⑨ P1082＝50：电动机运行的最高频率（Hz）。

⑩ P1120＝5：斜坡上升时间（s）。

⑪ P1121＝5：斜坡下降时间（s）。

⑫ 退出参数设置,准备运行。

5.3.3 操作控制

（1）电动机正转：按下自锁按钮 SB1（5～8 接通）,数字输入口 DIN1 为 ON,电动机按 P1120 所设置的 5s 斜坡上升时间正向启动,经 5s 后稳定运行在 P1040 所设置的 40Hz 频率相对应的转速上。

（2）正转停止：放开自锁按钮 SB1,数字输入口 DIN1 为 OFF,电动机按 P1121 所设置的 5s 斜坡下降时间停止旋转。

（3）电动机反转：按下自锁按钮 SB2（6～8 接通）,数字输入口 DIN2 为 ON,电动机仍按 5s 斜坡上升时间后稳定运行在 40Hz 频率相对应的转速上。

（4）反转停止：放开自锁按钮 SB2,数字输入口 DIN2 为 OFF,电动机按 P1121 所设置的 5s 斜坡下降时间停止旋转。

5.4 变频器三段速固定频率控制

5.4.1 变频器三段速固定频率控制电路接线图

变频器三段速频率控制运行接线图如图 5-4 所示。三段固定频率控制特性曲线如图 5-5所示。三段频率控制状态表见表 5-2。

表 5-2 三段频率控制状态表

频段	频率/Hz	端口 7(SB3)	端口 6(SB2)	端口 5(SB1)	转速/(r/min)
1	20	1	0	1	560
2	35	1	1	0	980
3	55	1	1	1	1540
OFF	0	0	0	0	0

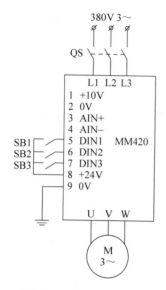

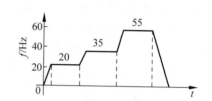

图 5-4   变频器三段速频率控制电路接线图   图 5-5   三段固定频率控制特性曲线示意图

5.4.2   变频器基本操作面板（BOP）运行状态参数设置

（1）复位工厂默认设置：P0010＝30，P0970＝1。（约 10s）

（2）设置电动机参数。为了使电动机和变频器相匹配，需要设置电动机的参数与选用电动机型号一致。电动机参数设置完成后，设 P0010＝0，变频器处于准备状态，可正常运行。

（3）设置基本参数。

① P0003＝3：设用户访问级为专家级。

② P0004＝0：参数过滤显示全部参数。

③ P0700＝2：选择命令源，由端子排输入。

④ P0701＝17：选择固定频率。

⑤ P0702＝17：选择固定频率。

⑥ P0703＝1：ON 接通正转，OFF 停止。

⑦ P1000＝3：选择固定频率设定值。

⑧ P1001＝20：设置固定频率 1（Hz）。

⑨ P1002＝35：设置固定频率 2（Hz）。

⑩ P1003＝55：设置固定频率 3（Hz）。

⑪ P1082＝60：电动机运行的最高频率（Hz）。

⑫ 退出参数设置，准备运行。

5.4.3   操作控制

（1）按下自锁按钮 SB3（7、8 接通），数字输入口 DIN3 为 ON，允许电动机运行。

（2）第1段速度控制：当自锁按钮SB1接通（5～8接通）、SB2断开时，变频器的数字输入口DIN1为ON，数字输入口DIN2为OFF，变频器工作在由P1001所设定的20Hz第1频率段上。

（3）第2段速度控制：当自锁按钮SB1断开，SB2接通（6～8接通）时，变频器的数字输入口DIN1为OFF，数字输入口DIN2为ON，变频器工作在由P1002所设定的35Hz第2频率段上。

（4）第3段速度控制：当自锁按钮SB1、SB2都接通时，变频器的数字输入口DIN1、DIN2均为ON，变频器工作在由P1003所设定的55Hz第3频率段上。

（5）电动机停止运行：当自锁按钮SB1、SB2都断开时，变频器的数字输入口DIN1、DIN2均为OFF，电动机停止运行。或在电动机正常运行在任一频段时，将SB3断开，使数字输入DIN3为OFF，电动机也能停止运行。

实训任务5　变频器的模拟信号控制

1. 实训目标

（1）了解MM420变频器模拟量输入端口的功能及操作方法。

（2）熟悉MM420变频器外接端子的连接使用。

（3）掌握变频器外接端子电位器调速控制可逆运转参数设定。

2. 实训时间

2学时。

3. 实训器材

（1）MM420变频器模块1台。

（2）实验电路板及器件1套。

（3）异步电动机1台（型号自备）。

（4）电位器 $R_P \geqslant 5\text{k}\Omega$。

4. 实训内容

MM420变频器模拟量输入变频调速控制。

5. 实训原理及步骤

（1）按要求接线

变频器模拟信号控制接线如图5-6所示。检查电路正确无误后，合上主电源开关QS。

（2）参数设置

① 恢复变频器工厂默认值，设定P0010＝30和P0970＝1，按下 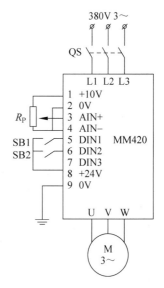 键，开始复位。

② 设置电动机参数，根据所用电动机铭牌标示设置电动机参数，见表5-3。电动机参数设置完成后，

图5-6　变频器模拟信号控制接线图

设 P0010＝0，变频器当前处于准备状态，可正常运行。

表 5-3　电动机参数设置

参数号	出　厂　值	设　置　值	说　明
P0003	1	1	设用户访问级为标准级
P0010	0	1	快速调试
P0100	0	0	工作地区：功率以 kW 表示，频率为 50Hz
P0304	230	380	电动机额定电压(V)
P0305	3.25	铭牌标注	电动机额定电流(A)
P0307	0.75	铭牌标注	电动机额定功率(kW)
P0308	0	铭牌标注	电动机功率因数($\cos\phi$)
P0310	50	50	电动机额定频率(Hz)
P0311	0	铭牌标注	电动机额定转速(r/min)

③ 设置模拟信号操作控制参数，模拟信号操作控制参数设置见表 5-4。

表 5-4　模拟信号操作控制参数

参数号	出厂值	设置值	说　明
P0003	1	3	设用户访问级为专家级
P0004	0	0	参数过滤显示全部参数
P0700	2	2	命令源选择由端子排输入
P0701	1	1	ON 接通正转，OFF 停止
P0702	1	2	ON 接通反转，OFF 停止
P1000	2	2	频率设定值选择为模拟输入
P1080	0	0	电动机运行的最低频率(Hz)
P1082	50	50	电动机运行的最高频率(Hz)

（3）变频器运行操作

① 电动机正转：按下自锁按钮 SB1(5～8 接通)，数字输入口 DIN1 为 ON，电动机启动正转运转。转速由外接电位器 R_P 调节，模拟信号为 0～10V，对应变频器频率为 0～50Hz，电动机转速为 0～1440r/min。

② 停转：放开自锁按钮 SB1，电动机停止旋转。

③ 电动机反转：按下自锁按钮 SB2(6～8 接通)，数字输入口 DIN2 为 ON，电动机启动反转运转。转速仍由外接电位器 R_P 调节，运行状态与正转相同。

④ 停转：放开自锁按钮 SB2，电动机停止旋转。

6. 实训检查与评价

按表 5-5 要求填写内容。

表 5-5　实训检查与评价表

序　　号	检 查 项 目	检 查 得 分

对本次实训教学技能熟练程度自我评价:

你对改进教学的建议和意见:

评分标准见表5-6。

表 5-6　实训标准操作评价表

序号	主要内容	考核要求	评分标准	配分	扣分	得分
1	接线	能正确使用工具和仪表,按照电路图正确接线	(1) 接线不规范,每处扣5～10分; (2) 接线错误,扣20分	20		
2	参数设置	能根据任务要求正确设置变频器参数	(1) 参数设置不全,每处扣5分; (2) 参数设置错误,每处扣5分	30		
3	操作调试	操作调试过程正确	(1) 变频器操作错误,扣10分; (2) 调试失败,扣20分	40		
4	安全文明生产	操作安全规范、环境整洁	违反安全文明生产规程,扣5～10分	10		
总分:		学号:	姓名:	实际工时:	教师签字:	学生成绩:

实训任务6　变频器数字信号控制

1. 实训目标

(1) 熟悉 MM420 变频器多段速频率控制参数的设定。

(2) 熟练掌握数字输入端控制变频器的方法。

2. 实训时间

2 学时。

3. 实训器材

(1) 亚龙 MM420 变频器单元模块 1 台。

(2) 三相交流异步电动机 1 台。

(3) 实验电路板及器件 1 套,导线若干。

4．实训内容

MM420 变频器多段速频率控制参数的设定。

5．实训原理及步骤

MM420 变频器的 3 个数字输入端子（DIN1～DIN3）在有些工业生产中需要几段固定频率的设定，MM420 变频器提供了 7 个固定频率供用户选择。

（1）选择固定频率

① 直接选择：直接选择（P0701～P0703＝15），在这种操作方式下，一个数字输入选择一个固定频率。如果有几个固定频率输入同时被激活，选定的频率是它们的总和。

例如，FF1＋FF2＋FF3。

② 直接选择＋ON 命令：直接选择＋ON 命令（P0701～P0703＝16），选择固定频率时，既有选定的固定频率，又带有 ON 命令，把它们组合在一起。在这种操作方式下，一个数字输入选择一个固定频率。如果有几个固定频率输入同时被激活，选定的频率是它们的总和。

例如，FF1＋FF2＋FF3。

③ 二进制编码选择＋ON 命令：二进制编码的十进制数（BCD 码）选择＋ON 命（P0701～P0703＝17），使用这种方法最多可以选择 7 个固定频率。各个固定频率的数值见表 5-7。

表 5-7　固定频率数值表

DIN3	DIN2	DIN1		
0	0	0	OFF	
0	0	1	FF1	P1001
0	1	0	FF2	P1002
0	1	1	FF3	P1003
1	0	0	FF4	P1004
1	0	1	FF5	P1005
1	1	0	FF6	P1006
1	1	1	FF7	P1007

为了使用固定频率功能，需要用 P1000 选择固定频率的操作方式。

在"直接选择"的操作方式（P0701～P0703＝15）下，还需要一个 ON 命令才能使变频器运行，本实验可以采用（P0701～P0703＝17）"二进制编码的十进制数（BCD 码）选择＋ON 命令"控制电动机多段速运转。

（2）3 段固定频率控制参数设定

① 将 P0700 设定为 1，将 P1000 设定为 3。

② 将 P0701～P0703 均设定为 17（二进制编码的十进制数（BCD 码）选择＋ON 命令）。

③ 将 P1001 设定为 10Hz（低速），P1002 设定为 30Hz（中速），P1003 设定为 50Hz（高速）（频率可以随意设定）。

④ 分别闭合数字输入端控制按钮 SB1、SB2、SB3，电动机将在其对应的频率下运行，

进行低速、中速、高速的切换。

（3）7段固定频率控制参数设定

① 将 P0700 设定为 1，将 P1000 设定为 3。

② 将 P0701～P0703 均设定为 17（二进制编码的十进制数（BCD 码）选择＋ON 命令）。

③ 将 P1001 设定为 10Hz，P1002 设定为 15Hz，P1003 设定为 20Hz，P1004 设定为 25Hz，P1005 设定为 30Hz，P1006 设定为 35Hz，P1007 设定为 40Hz（频率可以自由设定）。

④ 闭合数字输入端 DIN1，电动机将在 10Hz（P1001＝10）的频率下运行，可以通过 3 个数字输入端上的开关闭合和断开的不同排列，调出 7 种不同的速度。（方法参见表 5-5）

除此以外还可以将数字输入端 DIN1、DIN2、DIN3 分别设定为低速、中速、高速，其频率值通过设定 P1001、P1002、P1003 的数值来实现。

6. 实训检查与评价

按表 5-8 要求填写内容。

表 5-8 实训检查与评价表

序　号	检查项目	检查得分

对本次实训教学技能熟练程度的自我评价：

你对改进教学的建议和意见：

评分标准见表 5-9。

表 5-9 实训标准操作评价表

序号	主要内容	考核要求	评分标准	配分	扣分	得分
1	接线	能正确使用工具和仪表，按照电路图正确接线	（1）接线不规范，每处扣5～10分；（2）接线错误，扣20分	20		
2	参数设置	能根据任务要求正确设置变频器参数	（1）参数设置不全，每处扣5分；（2）参数设置错误，每处扣5分	30		
3	操作调试	操作调试过程正确	（1）变频器操作错误，扣10分；（2）调试失败，扣20分	40		
4	安全文明生产	操作安全规范、环境整洁	违反安全文明生产规程，扣5～10分	10		
总分：		学号：	姓名：	实际工时：	教师签字：	学生成绩：

项目

PLC和变频器联机调试

6.1 PLC 与变频器的连接

PLC 与变频器一般有三种连接方法。

1. 利用 PLC 的模拟量输出模块控制变频器

PLC 的模拟量输出模块输出 0~5V 电压信号或 4~20mA 电流信号,作为变频器的模拟量输入信号,控制变频器的输出频率,如图 6-1 所示。这种控制方式接线简单,但需要选择与变频器输入阻抗匹配的 PLC 输出模块,且 PLC 的模拟量输出模块价格较为昂贵,此外还需采取分压措施使变频器适应 PLC 的电压信号范围,在连接时注意将布线分开,保证主电路一侧的噪声不会传至控制电路。

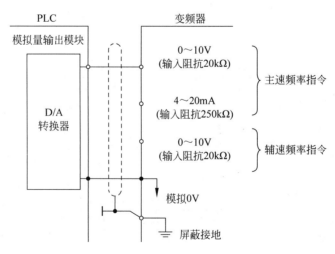

图 6-1　PLC 模拟量输出与变频器的连接

2. 利用 PLC 的开关输出量控制变频器

PLC 的开关输出量一般可以与变频器的开关量输入端直接相连,如图 6-2 所示。

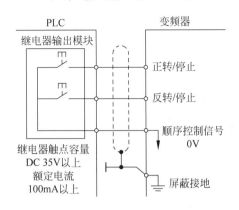
(a) PLC的继电器输出与变频器的连接

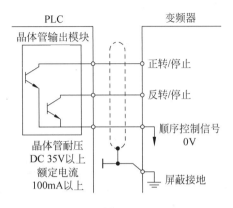
(b) PLC的晶体管输出与变频器的连接

图 6-2　PLC 开关量输出与变频器的连接

这种控制方式接线简单,抗干扰能力强。利用 PLC 的开关输出量可以控制变频器的启动/停止、正/反转、点动、转速和加减时间等,能实现较为复杂的控制要求,但只能有级调速。

使用继电器触点进行连接时,有时存在因接触不良而误操作现象;使用晶体管进行连接时,则需要考虑晶体管自身的电压、电流容量等因素,保证系统的可靠性。另外,在设计变频器的输入信号电路时还应该注意,输入信号电路连接不当,有时也会造成变频器的误动作。例如,当输入信号电路采用继电器等感性负载,继电器开闭时,产生的浪涌电流带来的噪声有可能引起变频器的误动作,应尽量避免。

3. PLC 与 RS-485 通信接口的连接

所有的标准西门子变频器都有一个 RS-485 串行接口(有的也提供 RS-232 接口),采用双线连接,其设计标准适用于工业环境的应用对象。单一的 RS-485 链路最多可以连接 30 台变频器,而且根据各变频器的地址或采用广播信息,都可以找到需要通信的变频器。链路中需要有一个主控制器(主站),而各个变频器则是从属的控制对象(从站)。

采用串行接口有以下优点。

(1) 大大减少布线的数量。

(2) 无须重新布线,即可更改控制功能。

(3) 可以通过串行接口设置和修改变频器的参数。

(4) 可以连续对变频器的特性进行监测和控制。

典型的 RS-485 多站接口如图 6-3 所示,MM440 变频器为 RS-485 接口时,是将端子14 和 15 分别连接到 P＋和 N－,如图 6-4 所示。

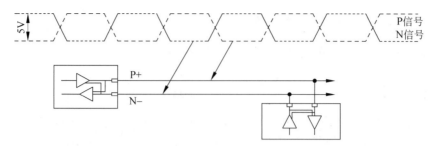

图 6-3　典型的 RS-485 多站接口

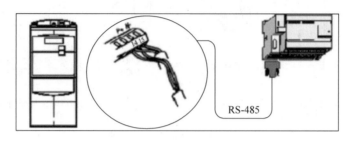

图 6-4　S7-200 与变频器 USS 通信的连接

4. 联机注意事项

由于变频器在运行过程中会带来较强的电磁干扰,为保证 PLC 不因变频器主电路断路器及开关器件等产生的噪声而出现故障,在将变频器和 PLC 等上位机配合使用时还必须注意以下几点。

(1) 对 PLC 本体按照规定的标准和接地条件进行接地。此时,应避免和变频器使用共同的接地线,并在接地时尽可能使两者分开。

(2) 当电源条件不太好时,应在 PLC 的电源模块及输入、输出模块的电源线上接入噪声滤波器和降低噪声使用的变压器等。如果有必要,在变频器一侧也应采取相应的措施。

(3) 当变频器和 PLC 安装在同一控制柜中时,应尽可能使与变频器和 PLC 有关的电线分开。

(4) 通过使用屏蔽线和双绞线来抗噪声。

6.2　PLC 和变频器实现电动机正反转控制

利用电网电源运行的交流拖动系统,要实现电动机的正反转切换,须利用接触器等装置对电源进行换相切换。利用变频器进行调速控制时,只需改变变频器内部逆变电路功率器件的开关顺序,即可达到对输出进行换相的目的,从而实现电动机的正反转切换,而不需要专门的正反转切换装置。

MM420 包含了 3 个数字开关量的输入端子 DIN1～DIN3,每个端子都有一个对应的参数用来设定该端子的功能,从而实现电动机启停、正反转、点动等。

控制实例:通过 S7-226 型 PLC 和 MM420 变频器联机,实现电动机正反转控制运转,按下正转按钮 SB2,电动机启动并运行,频率为 35Hz。按下反转按钮 SB3,电动机反向运行,频率为 35Hz。按下停止按钮 SB1,电动机停止运行。电动机加减速时间为 10s。

1. 接线图

PLC 与变频器的连接电路如图 6-5 所示。

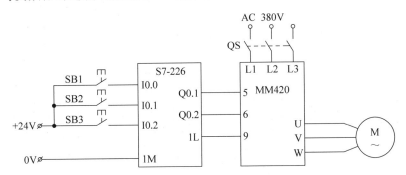

图 6-5　PLC 和变频器联机的正反转控制电路

2. PLC 输入输出地址分配

根据控制要求确定输入输出地址,PLC 输入输出分配见表 6-1。

表 6-1　输入输出地址分配表

电路符号	输　入		输　出	
	地址	功　能	地址	功　能
SB1	I0.0	电动机停止按钮	Q0.0	电动机正转
SB2	I0.1	电动机正转按钮	Q0.1	电动机反转
SB3	I0.2	电动机反转按钮		

3. PLC 程序设计

在 STEP-Micro/WIN 编程软件中进行控制程序设计,并用一根 PC/PPI 编程电缆将程序下载到 S7-226 PLC 中。PLC 参考程序如图 6-6 所示。

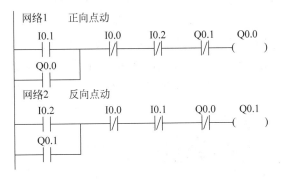

图 6-6　电动机正反转 PLC 控制程序

4. 变频器参数设置

接通断路器 QS,变频器在通电状态下,完成相关参数设置,具体设置见表6-2。

表 6-2　变频器参数设置表

参数号	出厂值	设置值	说　明
P0003	1	1	设用户访问级为标准级
P0004	0	7	命令,二进制输入输出
P0700	2	2	由端子排输入
P0003	1	2	设用户访问级为扩展级
P0004	0	7	命令,二进制输入输出
P0701	1	1	ON 接通正转,OFF 接通停止
P0702	1	2	ON 接通反转,OFF 接通停止
P0703	9	10	正向点动
P0704	15	11	反向点动
P0003	1	1	设用户访问级为标准级
P0004	0	10	设定值通道和斜坡函数发生器
P1000	2	1	频率设定值为键盘(MOP)设定值
P1080	0	0	电动机运行的最低频率(Hz)
P1082	50	50	电动机运行的最高频率(Hz)
P1120	10	10	斜坡上升时间(s)
P1121	10	10	斜坡下降时间(s)
P0003	1	2	设用户访问级为扩展级
P0004	0	10	设定值通道和斜坡函数发生器
P1040	5	35	设定键盘控制的频率值(Hz)

6.3　PLC 控制 MM420 变频器实现电动机多段转速控制

使用 S7-226 PLC 和 MM440 变频器联机,实现电动机三段速频率运转控制。要求按下按钮 SB1,电动机启动并运行在第一段,频率为 15Hz;延时 18s 后电动机反向运行在第二段,频率为 30Hz;再延时 20s 后电动机正向运行在第三段,频率为 40Hz。当按下停止按钮 SB2,电动机停止运行。

1. 接线图

PLC 与变频器的连接电路如图 6-7 所示。

2. PLC 输入输出地址分配

变频器 MM440 数字输入 DIN1、DIN2 端口通过 P0701、P0702 参数设为三段固定频

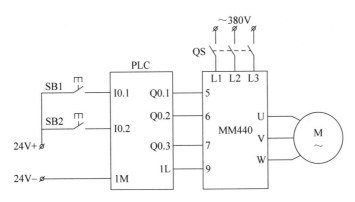

图 6-7　PLC 与变频器三段速控制连接电路

率控制端,每一段的频率可分别由 P1001、P1002 和 P1003 参数设置。变频器数字输入 DIN3 端口设为电动机运行、停止控制端,可由 P0703 参数设置。

PLC 输入输出地址分配见表 6-3。

表 6-3　输入输出地址分配表

电路符号	输　入		输　出	
	地址	功　能	地址	功　能
SB1	I0.1	电动机停止按钮	Q0.1	DIN1
SB2	I0.2	电动机启动按钮	Q0.2	DIN2
			Q0.3	DIN3

3. PLC 程序设计

程序执行要求:按下启动按钮 SB1 后,输入继电器 I0.1 得电,输出继电器 Q0.1 和 Q0.3 置位,同时定时器 T37 得电计时。Q0.3 输出,变频器 MM420 的数字输入端口 DIN3 为"ON",得到运转信号,Q0.1 输出,数字输入端口 DIN1 为"ON"状态,得到频率指令,电动机以 P1001 参数设置的固定频率 1(15Hz)正向运转;T37 正转定时 18s,T37 位动合触点闭合,使输出继电器 Q0.2 置位、Q0.1 复位(注意:Q0.3 保持置位),同时定时器 T38 得电计时。PLC 程序如图 6-8 所示。

4. 变频器参数设置

变频器参数设置见表 6-4。

表 6-4　变频器参数设置表

参数号	出厂值	设置值	说　明
P0003	1	1	设用户访问级为标准级
P0004	0	7	命令和数字输入输出
P0700	2	2	命令源选择由端子排输入
P0003	1	2	设用户访问级扩展级
P0004	0	7	命令和数字输入输出

续表

参数号	出厂值	设置值	说　明
P0701	1	17	选择固定频率
P0702	1	17	选择固定频率
P0703	1	1	ON 接通正转,OFF 停止
P0003	1	1	设用户访问级为标准级
P0004	0	10	设定值通道和斜坡函数发生器
P1000	2	3	选择固定频率设定值
P0003	1	2	设用户访问级扩展级
P0004	0	10	设定值通道和斜坡函数发生器
P1001	0	15	设置固定频率 1(Hz)
P1002	5	30	设置固定频率 2(Hz)
P1003	10	40	设置固定频率 3(Hz)

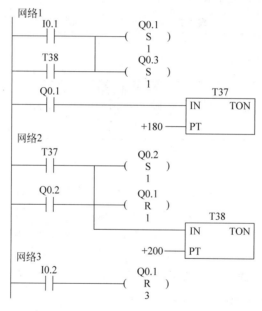

图 6-8　PLC 多段速控制程序

6.4　变频器的 PLC 模拟量控制

为满足对温度、速度、流量等工艺变量的控制要求,常常要对这些模拟量进行控制,PLC 模拟量控制模块的使用也日益广泛。通常情况下,变频器的速度调节可采用键盘调节或电位器调节的方式。但是,在速度要求根据工艺而变化时,仅利用上述两种方式不能满足生产控制要求,而利用 PLC 灵活编程及控制的功能,实现速度因工艺而变化,可以较容易地满足生产的要求。下面就来学习变频器的 PLC 模拟量控制的相关知识。

在变频器中,通过操作面板、通信接口或输入端子调节频率大小的指令信号,称为给定信号。外接频率给定是指变频器通过信号输入端从外部得到频率的给定信号。

1. 频率给定信号的方式

(1) 数字量给定方式

频率给定信号为数字量,这种给定方式的频率精度很高,可保证在给定频率的 0.01% 以内。具体的给定方式有以下两种。

① 面板给定。即通过面板上的"升键"和"降键"(西门子 MM440 变频器频率增加调节用 ⬤ 键,频率下降调节用 ⬤ 键)来设置频率的数值。

② 通信接口给定。由上位机或 PLC 通过接口进行给定。现在多数变频器都带有 RS-485 接口或 RS-232 接口,方便与上位机(如 PLC、单片机、PC 等)的通信,上位机可将设置的频率数值传送给变频器。

(2) 模拟量给定方式

模拟量给定方式即给定信号为模拟量,主要有电压信号、电流信号。当进行模拟量给定时,变频器输出的精度略低,约在最大频率的 ±0.2% 以内。常见的给定方法如下:

① 电位器给定。利用电位器的连接提供给定信号,该信号为电压信号。例如西门子 MM440 变频器端子 1 和 2 为用户提供 10V 直流电压,端子 3 为给定电压信号的输入端(采用模拟电压信号输入方式输入给定频率时,为了提高变频调速的控制精度,必须配备一个高精度的直流电源)。

② 直接电压(或电流)给定。由外部仪器设备直接向变频器的给定端输出电压或电流信号。必须注意的是,当信号源与变频器距离较远时,应采用电流信号给定,以消除因线路压降引起的误差,通常取 4~20mA,以利于区别零信号和无信号(零信号:信号线路正常,信号值为零;无信号:信号线路因断路或未工作而没有信号)。在西门子 MM440 变频器接线端子中有两路模拟量输入:AIN1(0~10V,0~20mA 和 −10~10V)和 AIN2 (0~10V,0~20mA)。

2. 模拟量输入输出扩展模块(EM235)接线图及输入范围配置

(1) EM235 的接线图

EM235 是最常用的模拟量扩展模块,它实现了 4 路模拟量输入和 1 路模拟量输出功能,EM235 的接线方法如图 6-9 所示。

(2) EM235 的配置

使用 EM235 模块,需将输入端同时设置为一种量程和格式,即相同的输入量程和分辨率。DIP 开关设置 EM235 扩展模块的对应关系见表 6-5。表中 6 个 DIP 开关决定了所有的输入设置,也就是说开关的设置应用于整个模块,开关设置也只有在重新上电后才能生效。

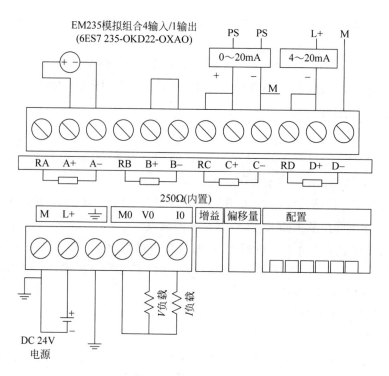

图 6-9　EM235 接线图

表 6-5　EM235 配置开关表

单　极　性						满量程输入	分　辨　率
SW1	SW2	SW3	SW4	SW5	SW6		
ON	OFF	OFF	ON	OFF	ON	0～50mV	12.5μV
OFF	ON	OFF	ON	OFF	ON	0～100mV	25μV
ON	OFF	OFF	OFF	ON	ON	0～500mV	125μV
OFF	ON	OFF	OFF	ON	ON	0～1V	250μV
ON	OFF	OFF	OFF	OFF	ON	0～5V	1.25mV
ON	OFF	OFF	OFF	OFF	ON	0～200mA	5μA
OFF	ON	OFF	OFF	OFF	ON	0～10V	2.5mV
双　极　性						满量程输入	分　辨　率
SW1	SW2	SW3	SW4	SW5	SW6		
ON	OFF	OFF	ON	OFF	OFF	±25mV	12.5μV
OFF	ON	OFF	ON	OFF	OFF	±50mV	25μV
OFF	OFF	ON	ON	OFF	OFF	±100mV	50μV
ON	OFF	OFF	OFF	ON	OFF	±250mV	125μV
OFF	ON	OFF	OFF	ON	OFF	±500mV	250μV
OFF	OFF	ON	OFF	ON	OFF	±1V	500μV
ON	OFF	OFF	OFF	OFF	OFF	±2.5V	1.25mV
OFF	ON	OFF	OFF	OFF	OFF	±5V	2.5mV
OFF	OFF	ON	OFF	OFF	OFF	±10V	5mV

3. 注意事项

使用 PLC 的模拟量控制变频器时,考虑到变频器本身产生强干扰信号,而模拟量抗干扰能力较差、数字量抗干扰能力强的特性,为了最大限度地消除变频器对模拟量的干扰,在布线和接地等方面就需要采取以下更加严密的措施。

(1) 信号线与动力线必须分开走线。使用模拟量信号进行远程控制变频器时,为了减少模拟量受来自变频器和其他设备的干扰,须将控制变频器的信号线与强电回路(主回路及顺控回路)分开走线。

(2) 模拟量控制信号线应使用双股绞合屏蔽线,电线规格为 $0.5\sim2\text{mm}^2$,在接线时一定要注意,电缆剥线要尽可能短,一般为 $5\sim7\text{mm}$,同时对剥线以后的屏蔽层要用绝缘胶布包起来,以防止屏蔽线与其他设备接触产生干扰。

(3) 变频器的接地应该与 PLC 控制回路单独接地。在不能够保证单独接地的情况下,为了减少变频器对控制器的干扰,控制回路接地可以浮空,但变频器一定要保证可靠接地。在控制系统中建议将模拟量信号线的屏蔽线两端都浮空,同时,由于 PLC 与变频器共用一个大地,因此,建议在可能的情况下,将 PLC 单独接地或者将 PLC 与机组地绝缘。

(4) 变频器与电动机间的接线距离。在变频器与电动机间的接线距离较长的场合,来自电缆的高次谐波漏电流会对变频器和周边设备产生不利影响。因此,为减少变频器的干扰,需要对变频器的载波频率进行调整。

4. 控制实例

利用 S7-226 PLC 模拟量模块与 MM440 变频器联机,实现电动机正反转控制,要求运行频率由模拟量模块输出电压信号给定,并能平滑调节电动机转速。

(1) 按系统要求接线

模拟量模块和变频器的连接电路如图 6-10 所示。

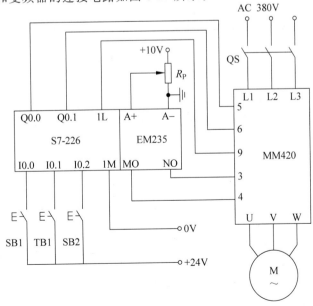

图 6-10 PLC 模拟量模块和变频器联机控制电路

（2）模块选型和 PLC 输入输出地址分配

选用 S7-226 PLC 和模拟量扩展模块 EM235。EM235 为模拟量输入输出模块，具有 4 个模拟量输入通道和 1 个模拟量输出通道。PLC 输入输出地址分配见表 6-6。

表 6-6　PLC 输入输出地址分配表

电路符号	输　入		输　出	
	地　址	功　能	地　址	功　能
SB1	I0.0	正转控制按钮	Q0.1	开关量输入 DIN1
TB1	I0.1	停止按钮	Q0.2	开关量输入 DIN2
SB2	I0.2	反转控制按钮	AQW0	模拟量输入 ADIN1
	AIW0	EM235 模拟量输入通道 1		

（3）PLC 程序设计

① 电动机正转运行及速度调节。按下正转按钮 SB1，输入继电器 I0.0 得电，输出继电器 Q0.0 得电并自保，变频器端口 5 为"ON"，电动机正转，调节电位器 R_P，则可改变变频器的频率设定值，从而调节正转速度的大小。按下停车按钮 TB1 后，I0.1 得电，Q0.0 失电，电动机停止转动。

② 电动机反向运行及速度调节。按下反转按钮 SB2，输入继电器 I0.2 得电，输出继电器 Q0.1 得电并自保，变频器端口 6 为"ON"，电动机反转，调节电位器 R_P，则可改变变频器的频率设定值，从而调节反转速度的高低。按下停车按钮 TB1 后，输入继电器 I0.1 得电，输出继电器 Q0.1 失电，电动机停止转动。

③ 互锁。正转和反转之间在梯形图程序上设计有互锁控制。

PLC 控制参考程序如图 6-11 所示。

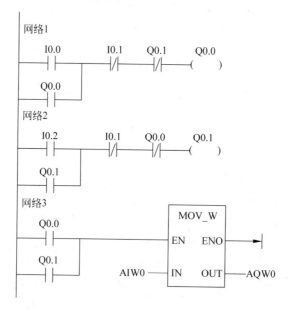

图 6-11　PLC 模拟输入量控制程序

（4）变频器参数设置

使用基本操作面板对变频器进行参数设置。首先按下 P 键对变频器进行复位,使变频器的参数值恢复到出厂时的状态,再设置 P010 为 0,使变频器处于准备状态,然后设置变频器控制端口操作控制参数,见表 6-7。

表 6-7　变频器参数设置值

参数号	出厂值	设置值	说　明
P0003	1	1	设用户访问级为标准级
P0004	0	7	命令,二进制输入输出
P0700	2	2	由端子排输入
P0003	1	2	设用户访问级为扩展级
P0004	0	7	命令,二进制输入输出
P0701	1	1	ON 接通正转,OFF 接通停止
P0702	1	2	ON 接通反转,OFF 接通停止
P0003	1	1	设用户访问级为标准级
P0004	0	10	设定值通道和斜坡函数发生器
P1000	2	1	频率设定值为键盘(MOP)设定值
P1080	0	0	电动机运行的最低频率(Hz)
P1082	50	50	电动机运行的最高频率(Hz)
P1120	10	10	斜坡上升时间(s)
P1121	10	10	斜坡下降时间(s)

实训任务 7　PLC 和变频器联机控制多段速运行

1. 实训目标

（1）掌握变频器多段速频率控制方式。

（2）熟练掌握变频器的多段速运行操作过程。

2. 实训时间

2 学时。

3. 实训器材

（1）MM420 变频器模块 1 台。

（2）实验电路板及器件 1 套。

（3）异步电动机 1 台(型号自备)。

4. 实训内容

PLC 控制 MM420 变频器多段速运行操作。

5. 实训原理及步骤

（1）电动机的控制要求

在自动化生产线上某电动机要求能自动运行。按下电动机运行按钮,电动机启动并运行在低速 8Hz 频率所对应 224r/min 的转速上；延时 5s 后电动机升速，运行在高速 40Hz 频率所对应的 1120r/min 转速上；再延时 5s 后电动机降速，运行在低速 10Hz 频率所对应的 280r/min 转速上；再延时 5s 后电动机反方向旋转，运行在低速 20Hz 频率所对应的 560r/min 转速上；再延时 5s 后电动机继续沿着该方向旋转，运行在高速 50Hz 频率所对应的 1120r/min 转速上；再延时 5s 之后，电动机停止运动。5 段固定频率控制特性曲线如图 6-12 所示。

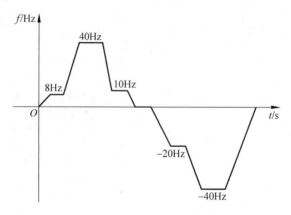

图 6-12　5 段固定频率控制特性曲线

（2）S7-200 PLC 控制 MM420 实现 5 段频率控制电路设计思路

MM420 变频器可以设置 5 个频段，由变频器数字输入端 DIN1、DIN2、DIN3 通过 P0701、P0702、P0703 以二进制编码带 ON 命令方式选择控制，每一段的频率可分别由 P1001、P1002、P1003、P1004、P1005 参数设置。S7-200 PLC 数字输入端 I0.0 和 I0.1 用作控制系统启动和停止；数字输出段 Q1.0、Q1.1、Q1.2 分别连接 MM420 变频器的 DIN1、DIN2、DIN3，按时间顺序控制它们为"ON"或"OFF"，以控制电动机运行。PLC 与变频器硬件接线如图 6-13 所示，5 段固定频率控制状态表见表 6-8。

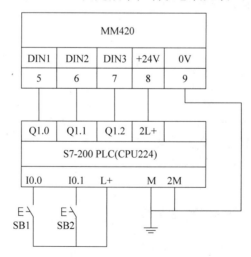

图 6-13　S7-200 PLC 控制变频器实现 5 段频率接线图

表 6-8 5 段固定频率控制状态表

频段	DIN3 (Q1.2)	DIN2 (Q1.1)	DIN1 (Q1.0)	对应频率所设置的参数	频率/Hz	电动机转速/ (r/min)
OFF	0	0	0	—	0	0
1	0	0	1	P1001	8	224
2	0	1	0	P1002	40	1120
3	0	1	1	P1003	10	280
4	1	0	0	P1004	−20	−560
5	1	0	1	P1005	−40	−1120

（3）PLC 程序设计

按照电动机控制要求及对变频器数字输入端口、S7-200 PLC 数字输入输出端口所做的连接，PLC 程序应实现下列控制。

当按下正转启动按钮 SB1 时，PLC 数字输出端口 Q1.0 为逻辑"1"，变频器 DIN1 端口为"ON"，电动机运行在第一固定频率段。延时 5s 后，PLC 数字输出端口 Q1.1 为逻辑"1"，变频器 DIN2 端口为"ON"，电动机运行在第二固定频率段。延时 5s 后，PLC 数字输出端口 Q1.1、Q1.0 为逻辑"1"，变频器 DIN1、DIN2 端口为"ON"，电动机运行在第三固定频率段。延时 5s 后，PLC 数字输出端口 Q1.2 为逻辑"1"，变频器 DIN3 端口为"ON"，电动机运行在第四固定频率段。延时 5s 后，PLC 数字输出端口 Q1.1、Q1.2 为逻辑"1"，变频器 DIN1、DIN3 端口为"ON"，电动机运行在第五固定频率段。延时 5s 后，PLC 数字输出端口 Q1.0、Q1.1、Q1.2 为逻辑"0"，变频器 DIN1、DIN2、DIN3 端口为"OFF"，电动机停止运行。

（4）变频器参数设置

① 参数复位。在变频器停止状态下，按表 6-9 的参数设置，再按下变频器操作面板上的 🅿 键，变频器开始复位到工厂默认状态。

表 6-9 恢复变频器工厂默认值

参数号	出厂值	设置值	说　　明
P0010	0	30	参数为工厂的设定值
P0970	0	1	全部参数复位

② 设置电动机参数。为了使电动机与变频器相匹配，需要设置电动机参数。电动机参数设置见表 6-10。

表 6-10 设置电动机参数表

参数号	出厂值	设置值	说　　明
P0003	1	1	用户访问级为标准级
P0010	0	1	快速调试
P0100	0	0	使用地区：欧洲[kW]，$f=50\text{Hz}$
P0304	230	380	电动机额定电压（V）

续表

参数号	出厂值	设置值	说　　明
P0305	3.25	铭牌标注	电动机额定电流（A）
P0307	0.75	铭牌标注	电动机额定功率（kW）
P0310	50	50	电动机额定频率（Hz）
P0311	0	铭牌标注	电动机额定转速（r/min）

③ 设置 5 段固定频率控制参数，见表 6-11。

表 6-11　5 段固定频率控制参数表

参数号	出厂值	设置值	说　　明
P0003	1	3	用户访问级为专家级
P0004	0	0	参数过滤显示全部参数
P0700	2	2	由端子排输入（选择命令源）
＊P0701	1	17	端子 DIN1 按二进制编码选择频率＋ON 命令
＊P0702	12	17	端子 DIN2 按二进制编码选择频率＋ON 命令
＊P0703	9	17	端子 DIN3 按二进制编码选择频率＋ON 命令
P1000	2	3	选择固定频率设定值
＊P1001	0	8	设定值频率 1＜FF1＞（Hz）
＊P1002	0	40	设定值频率 2＜FF2＞（Hz）
＊P1003	0	10	设定值频率 3＜FF3＞（Hz）
＊P1004	0	－20	设定值频率 4＜FF4＞（Hz）
＊P1005	0	－40	设定值频率 5＜FF5＞（Hz）

注：标“＊”号的参数可根据用户的需要改变。

6. 实训检查与评价

按表 6-12 要求填写内容。

表 6-12　实训检查与评价表

序　　号	检查项目	检查得分

对本次实训教学技能熟练程度的自我评价：

你对改进教学的建议和意见：

评价标准见表 6-13。

表 6-13 实训标准操作评价表

序号	主要内容	考核要求	评分标准	配分	扣分	得分
1	接线	能正确使用工具和仪表,按照电路图正确接线	(1) 接线不规范,每处扣5~10分; (2) 接线错误,扣20分	20		
2	参数设置	能根据任务要求正确设置变频器参数	(1) 参数设置不全,每处扣5分; (2) 参数设置错误,每处扣5分	30		
3	操作调试	操作调试过程正确	(1) 变频器操作错误,扣10分; (2) 调试失败,扣20分	40		
4	安全文明生产	操作安全规范、环境整洁	违反安全文明生产规程,扣5~10分	10		
总分:		学号:	姓名:	实际工时:	教师签字:	学生成绩:

理论联系实际

同学们,变频器通过 BOP 控制和外接端子控制点动运行两种方式要正确设置参数。PLC 编程控制变频器实现多段速控制时端子的接线一定要正确。S7-200、S7-226 模块,1M 和 2M 分别是两组输入点内部电路的公共端。L+和 M 端子分别是模块提供的 DC 24V 电源的正极和负极。1L 和 2L 分别是两组输出点内部电路的公共端。

项目 7

变频器的安装与维修

7.1 变频器的设置环境

变频器是精密的电子装置,变频器的安装环境、安装方式、安装中主回路和控制回路接线要求等各环节及其注意事项,都是确保变频器安全和可靠运行的基本条件和必要措施,直接关系着变频器及其系统运行安全和系统的可靠性。为了使变频器能稳定地工作,充分发挥其性能,少出故障、延长使用寿命,必须确保设置环境充分满足变频器所规定环境的允许值。

1. 变频器设置场所的要求

变频器设置场所要求必须干燥通风,无爆炸性、易燃性和腐蚀性的气体和液体;少尘埃、少油污;应有足够的空间,便于安装、使用、操作及维修;与变频器相互产生电磁干扰的装置分隔。

2. 变频器使用环境的要求

(1) 环境温度。对安装在机壳内的变频器来说,允许的环境温度一般为 0～40℃ 或 45℃。当卸去变频器外壳时,允许的环境温度有时也为 -10～+50℃。由于变频器内部是大功率的电子器件,极易受到工作温度的影响,为了保证变频器工作的安全性和可靠性,使用时应考虑留有余地,最好控制在 40℃ 以下。如果环境温度太高且温度变化较大时,变频器的绝缘性会大大降低,影响变频器的寿命。

(2) 环境湿度。当空气中的湿度较大时,将会引起金属腐蚀,使绝缘变差,并由此引起变频器的故障,变频器的周围空气相对湿度需 ≤95%(无结露)。还要注意防止水进入变频器内部,要求采取各种必要的措施,变频器安装一般要高出地面 1m 左右。

(3) 振动和冲击。变频器在运行的过程中,要注意避免受到振动和冲击,振动和冲击将对变频器内部的电子元器件产生应力,导致故障产生。因此,应该注意产品说明书中给出的要求。对于传送带和冲压机械等振动较大的设备,在必要时应采取安装防振橡胶垫片等措施,将振动抑制在规定值以下。而对于由于机械设备的共振而造成的振动,则可以利用变频器的频率跳越功能,使机械系统避开这些共振频率,以达到降低振动的目的。

(4) 对环境空气的要求。变频器安装在室内,应该设置在无腐蚀性气体和无易燃易爆气体,没有油滴或水珠溅到,以及粉尘较少的场所,否则腐蚀性气体和尘埃会使电子元器件生锈,出现接触不良等现象,严重时可能导致短路。

7.2　变频器的安装

变频器通常都是 1 台完整的装置,安装变频器时要考虑变频器散热问题,要考虑如何把变频器运行时产生的热量充分地散发出去,所以变频器应该垂直安装,便于散热、接线、操作,也便于检查维修。变频器安装必须保证散热的途径通畅。常见的安装方式有以下两种。

1. 壁挂式安装

将变频器垂直安装在坚固的墙体上,称为墙挂式安装。

为了确保冷却风道畅通,变频器与周围阻挡物之间的距离要求两侧大于 100mm、上下大于 150mm,而且为了防止杂物掉进变频器的出风口阻塞风道,在变频器出风口的上方最好安装挡板。

2. 柜式安装

当工作现场的灰尘过多,湿度比较大,或变频器外围配件比较多,需要和变频器安装在一起时,可以采用柜式安装。单台变频器采用柜内冷却方式时,当柜内温度较高时,必须在柜顶加装抽风式冷却风扇,冷却风扇尽量安装在变频器的正上方,便于获得更好的冷却效果。柜内安装两台或两台以上变频器时,变频器尽量横向排列安装,便于散热。如果必须纵向排列或多排横向排列时,上位、下位变频器应当适当错开,或上、下两台变频器之间加隔板,防止下面的变频器排除的热量进入上面变频器的进气口,影响上面变频器的冷却。

7.3　变频器的布线

1. 主电路的接线

在对主电路进行配线之前应该检查电缆的线径是否符合要求。此外,在进行布线时还应注意将主电路和控制电路的配线分开,并分别走不同的路线。在不得不经过同一接线口时也应该在两种电缆之间设置隔离壁,以防止动力线的噪声侵入控制电路,造成变频器异常。

R、S、T 是变频器的电源输入接线端,接电源的进线。U、V、W 是变频器的输出接线端,与电动机连接。输入电源必须接到 R、S、T 端子上,U、V、W 输出端子只能接到三相电动机上。输入接线端和输出接线端不能接错,接错后会损坏变频器。

(1) 变频器电源输入端 R、S、T 通过线路保护用断路器或带漏电保护的断路器连接到三相交流电源,无须考虑连接相序。中间无须再加具有保护控制的接触器;断路器只控制变频器的输入电源,并不控制变频器的运行。需要特别注意的是,三相交流电源绝对不能直接接到变频器输出端子,否则将导致变频器内部器件损坏。

(2) 变频器的输出端 U、V、W 与三相电动机连接时,当电动机旋转方向与设定不一致时,可以对调 U、V、W 三相中的任意两相。输出端不能接电容器或浪涌吸收器。

(3) 变频器与电动机连接导线的选择,原则上与电源导线相同。变频器和电动机之间的连线很长时,电线间的分布电容会产生较大的高频电流,可能造成变频器过电流跳闸、漏电流增加、电流显示精度变差等。变频器与电动机之间的连线尽量不要超过 50m。

2. 控制电路布线

在变频器中,主回路是强电信号,而控制电路所处理的信号则为弱电信号。因此,为了达到保证变频器正常工作的目的,除了应该选取各种必要的周边设备之外,在控制电路的布线方面也应充分注意,并采取各种必要的措施,避免主电路及相关设备中的高次谐波信号进入控制电路。

一般来说,在控制电路的布线方面应该特别注意以下几点。

(1) 控制电路的布线应和主电路电线以及其他动力线分开。

(2) 因为变频器的故障信号和多功能接点输出信号等有可能同高压交流继电器相连,所以应该将其连线与控制电路的其他端子和接点分开。

(3) 为了避免因干扰信号造成的误动作,变频器控制线应采用屏蔽线或双绞线且与主回路电缆或其他电力电缆分开铺设,且尽量远离主电路 100mm 以上;尽量不和主电路电缆平行铺设,不和主电路交叉,必须交叉时,应采取垂直交叉的方法。

(4) 变频器开关量控制线有较强的抗干扰能力时,允许不使用屏蔽线。不用屏蔽线时,应将同一控制信号的两根线互相绞在一起,绞合线的绞合间距应尽可能小。

3. 接地线配线

由于变频器主电路中的半导体开关器件在工作过程中将进行高速的开闭动作,变频器主电路和变频器单元外壳以及控制柜之间的漏电电流也相对变大。因此,为了防止操作者触电,必须保证变频器的接地端可靠接地。在进行接地线的布线时,应该注意以下事项。

(1) 按照规定的施工要求进行布线,接地线不作为传送信号的电路使用。

(2) 变频器接地电缆布线时也应与强电设备的接地电缆分开。

(3) 尽可能缩短接地电缆的长度。

(4) 当变频器和其他设备或两台以上变频器一起接地时,每台设备必须分别和地线连接。不允许一台设备的接地端和另一台的接地端相连后再接地。

理论联系实际

正确安装变频器是合理使用变频器的基础。在学习过程中一定要知道变频器安装场所的条件(干燥通风;少尘埃、少油污;电磁干扰的装置分隔);变频器应该垂直安装,变频器与周围阻挡物之间要留足距离;布线时尽可能缩短接地电缆的长度。

7.4 变频器的维修

变频器维修是一项理论知识、实践经验与操作水平相结合的工作,其技术水平决定着变频器的维修质量。从事变频器维修的人员需要经常学习,了解变频器内部的电子元器件所具备的功能和特点,掌握变频调速技术的基本理论,变频器的工作原理,并通过实践不断积累经验从而提高维修技术水平。一般用户要能够对变频器进行简单的故障处理,常规的日常检查和定期检修,维护保养。维修也仅局限于找出故障单元,更换电路板、模块、电解电容、继电器、冷却风机等一些简单的维修。具有一定基础的用户,要能够根据故障现象,对电路板上的电路进行分析和元件的检查,解决故障。对于专业维修技术人员来说,硬件破坏性故障基本上都能排除,使变频器恢复正常工作;软件破坏性故障,通常只能送交生产厂商做恢复处理。

1. 变频器维修常用工具仪表

变频器修理过程中,经常需测量一些参数,如输入/输出电压、电流、主回路直流电压、各电路相关点的电压、驱动信号的电压与波形等。根据参数和波形情况来分析、判断故障所在。最基本的仪器设备有:指针式万用表、数字式万用表、示波器、频率计数器、信号发生器、直流电压源、电动机等。

2. 维护与检查

为使变频器可靠运行,日常维护与检查是不可缺少的。

日常检查时,不要取下变频器外盖,目测检查变频器的运行,检查以下几个内容。

(1)运行性能是否符合标准规范。

(2)周围环境是否符合标准规范。

(3)键盘面板显示是否正常。

(4)有没有异常的噪声、振动和异味。

(5)有没有过热或变色等异常情况。

变频器定期检查时,必须停止运行,切断电源,打开机壳后进行。还要注意,主电路直流部分的电容器要彻底放完电。一般变频器的定期检查应一年进行一次,绝缘电阻检查可以三年进行一次。变频器中某些部件经长期使用后,性能降低、劣化,这是故障发生的主要原因。为了长期安全生产,某些部件必须及时更换。

(1)更换滤波电容器。在变频器中间直流回路中使用的是大容量电解电容器,由于脉冲电流等因素的影响,其性能会劣化。一般情况下,使用寿命大约为5年。

(2)更换冷却风扇。冷却风扇用于加速散热,风扇的使用寿命受到轴承的限制,一般

为 $10 \times 10^3 \sim 35 \times 10^3$ 小时。当变频器连续运行时,2～3 年必须更换一次风扇或轴承。

(3) 定时器在使用数年后,动作时间会有很大变化,必要时要及时更换,其他外围的接触器、继电器等也要按其开关寿命进行更换。

(4) 熔断器的寿命大约为 10 年,要按其寿命及时更换。

3. 变频器的维修

不上电测试时按以下步骤进行。

(1) 测试整流电路

找到变频器内部直流电源的 P 端和 N 端,将万用表调到电阻×10Ω 挡,红表笔接 P,黑表笔分别接 R、S、T 端,正常时有几十欧的阻值,且基本平衡。相反将黑表笔接 P 端,红表笔依次接 R、S、T 端,有一个接近于无穷大的阻值。将红表笔接 N 端,重复以上步骤,都应得到相同结果。如果有以下结果,可以判定电路已出现异常。

① 阻值三相不平衡,说明整流桥有故障。

② 红表笔接 P 端或黑表笔接 N 端时,电阻无穷大,可以断定整流桥故障或启动电阻出现故障。

③ 红表笔接 P 端或黑表笔接 N 端时,电阻接近于零,可以断定整流桥短路故障。

(2) 测试逆变电路

将红表笔接 P 端,黑表笔分别接 U、V、W 端,应该有几十欧的阻值,且各相阻值基本相同,反相应该为无穷大。将黑表笔接 N 端,重复以上步骤应得到相同结果,否则可确定逆变模块有故障。

在不带电测试整流电路和逆变电路没有故障以后,进行上电测试,测试时必须注意以下几点。

① 上电之前,必须确认输入电压是否有误,如 380V 电源误接入输入电压 220V 级变频器中会出现炸机(炸电容、压敏电阻、模块等)现象。

② 检查变频器各插接口是否已正确连接,连接是否有松动,连接异常有时可能会导致变频器出现故障,严重时会出现炸机等情况。

③ 上电后检测故障显示内容,并初步断定故障及原因。

④ 如未显示故障,首先检查参数是否有异常,并将参数复位后,在空载(不接电动机)情况下启动变频器,并测试 U、V、W 三相输出电压值,如出现缺相、三相不平衡等情况,则模块或驱动板等有故障。

⑤ 在输出电压正常(无缺相、三相平衡)的情况下,进行负载测试。注意尽量是满负载测试。

4. 故障判断

(1) 整流模块损坏

通常是由于电网电压或内部短路所引起。在排除内部短路情况下,更换整流桥。在现场处理故障时,应重点检查用户电网情况,如电网电压、有无电焊机等对电网有干扰的设备等。

（2）逆变模块损坏

通常是由于电动机或电缆损坏及驱动电路故障所引起。在修复驱动电路后，测驱动波形良好状态下，更换模块。在现场服务中，更换驱动板之后，必须注意检查马达及连接电缆。在确定无任何故障下，才能运行变频器。

（3）上电无显示

通常是由于开关电源损坏或软充电电路损坏使直流电路无直流电所引起，如启动电阻损坏，操作面板损坏同样也会产生这种状况。

（4）显示过电压或欠电压

通常由于输入缺相、电路老化及电路板受潮所引起。解决方法是找出其电压检测电路及检测点，更换损坏的器件。

（5）显示过电流或接地短路

通常是由于电流检测电路损坏所引起。如霍尔元件、运放电路损坏等。

（6）电源与驱动板启动显示过电流

通常是由于驱动电路或逆变模块损坏所引起。

（7）空载输出电压正常，带载后显示过载或过电流

通常是由于参数设置不当或驱动电路老化，模块损坏所引起。

实训任务 8　变频器报警与故障排除

1. 实训目标

（1）熟悉变频器的保护功能。

（2）熟悉变频器的错误和报警信息。

（3）利用基本操作面板排除故障。

2. 实训时间

2 学时。

3. 实训器材

（1）MM420 变频器模块 1 台。

（2）实验电路板及器件 1 套。

（3）异步电动机 1 台（型号自选）。

4. 实训内容

根据报警信息利用基本操作面板排除故障。

5. 实训原理及步骤

故障情况下，变频器跳闸，同时显示屏上出现故障码。为了使故障码复位，可采用以下三种方法中的一种。

（1）重新给变频器加上电源电压。

（2）按下 BOP 面板上的 🔘 键。

（3）输入默认设置值。

参照表 7-1 故障代码提示进行故障排除。

表 7-1　变频器故障代码表

故　　障	引起故障可能的原因	故障诊断和应采取的措施
F0001 过电流	（1）电动机的功率与变频器的功率不对应。 （2）电动机的导线短路。 （3）有接地故障	检查以下各项。 （1）电动机的功率（P0307）必须与变频器的功率（P0206）相对应。 （2）电缆的长度不得超过允许的最大值。 （3）电动机的电缆和电动机内部不得有短路或接地故障。 （4）输入变频器的电动机参数必须与实际使用的电动机参数相对应。 （5）输入变频器的定子电阻值（P0350）必须正确无误。 （6）电动机的冷却风道必须通畅，电动机不得过载。 （7）增加斜坡时间。 （8）减少"提升"的数值
F0002 过电压	（1）直流回路的电压（r0026）超过了跳闸电平（P2172）。 （2）由于供电电源电压过高，或者电动机处于再生制动方式下引起过电压。 （3）斜坡下降过快，或者电动机由大惯量负载带动旋转而处于再生制动状态下	检查以下各项。 （1）电源电压（P0210）必须在变频器铭牌规定的范围以内。 （2）直流回路电压控制器必须有效（P1240），而且正确地进行了参数化。 （3）斜坡下降时间（P1121）必须与负载的惯量相匹配
F0003 欠电压	（1）供电电源故障。 （2）冲击负载超过了规定的限定值	检查以下各项。 （1）电源电压（P0210）必须在变频器铭牌规定的范围以内。 （2）检查电源是否短时掉电或有瞬时的电压降低
F0004 变频器过温	（1）冷却风机故障。 （2）环境温度过高	检查以下各项。 （1）变频器运行时冷却风机必须正常运转。 （2）调制脉冲的频率必须设定为默认值。 （3）冷却风道的入口和出口不得堵塞。 （4）环境温度可能高于变频器的允许值

故　障	引起故障可能的原因	故障诊断和应采取的措施
F0005 变频器 I^2t 过温	(1) 变频器过载。 (2) 工作、停止间隙周期时间不符合要求。 (3) 电动机功率(P0307)超过变频器的负载能力(P0206)	检查以下各项。 (1) 负载的工作、停止间隙周期时间不得超过指定的允许值。 (2) 电动机的功率(P0307)必须与变频器的功率(P0206)相匹配
F0011 电动机 I^2t 过温	(1) 电动机过载。 (2) 电动机数据错误。 (3) 长期在低速状态下运行	检查以下各项。 (1) 检查电动机的数据应正确无误。 (2) 检查电动机的负载情况。 (3) "提升"设置值(P1310、P1311、P1312)过高。 (4) 电动机的热传导时间常数必须正确。 (5) 检查电动机的过温报警值

如果变频器在没有故障时"ON"命令发出以后电动机不启动,请检查以下各项。

(1) 检查是否 P0010＝0。

(2) 检查给出的"ON"信号是否正常。

(3) 检查是否 P0700＝2(数字输入控制)或 P0700＝1(用 BOP 进行控制)。

(4) 根据设定信号源(P1000)的不同,检查设定值是否存在(端子 3 上 0～10V)或输入的频率设定值参数号是否正确。详细情况请查阅"参数表"。

如果在改变参数后电动机仍然不启动,请设定 P0010＝30 和 P0970＝1,并按下 P 键,这时,变频器应复位到工厂设定的默认参数值。

6. 实训检查与评价

按表 7-2 要求填写内容。

表 7-2　实训检查与评价表

序　号	检查项目	检查得分

对本次实训教学技能熟练程度的自我评价:

你对改进教学的建议和意见:

实训标准操作评价见表 7-3。

表 7-3　实训标准操作评价表

序号	主要内容	考核要求	评分标准	配分	扣分	得分
1	接线	能正确使用工具和仪表，按照电路图正确接线	（1）接线不规范，每处扣 5～10 分； （2）接线错误，扣 20 分	20		
2	参数设置	能根据任务要求正确设置变频器参数	（1）参数设置不全，每处扣 5 分； （2）参数设置错误，每处扣 5 分	30		
3	操作调试	操作调试过程正确	（1）变频器操作错误，扣 10 分； （2）调试失败，扣 20 分	40		
4	安全文明生产	操作安全规范、环境整洁	违反安全文明生产规程，扣 5～10 分	10		
总分：		学号：	姓名：	实际工时：	教师签字：	学生成绩：

理论联系实际

变频器维修是一项理论知识、实践经验与操作水平相结合的工作，其技术水平决定着变频器的维修质量。维修变频器首先要能够正确识别电力电子元器件，会用万用表（数字式、指针式两种）等仪器仪表检测元器件来判断故障。初学者必须经过电工操作培训才可以进一步学习变频器维修，因为变频器大多采用 380V 或 220V 交流供电，保护措施必须做到位，防止触电。同学们练习变频器维修时，建议不通电检测，通电时可以用隔离变压器通电。在实际工作中发现变频器出现故障时，依据变频器的使用说明书及应用经验，结合一定的电气知识，仔细查找，对比和分析后，问题肯定能得到解决。在日常维护时，注意检查电网电压，改善变频器、电动机及线路的周边环境，定期清除变频器内部灰尘，通过加强设备管理来最大限度地降低变频器的故障率。

项目

恒压供水变频调速控制

在通风或供水系统中，风机和水泵的功率都是根据最大流量进行选择的，但实际使用中流量随各种因素而变化（如季节、温度、工艺、产量等），往往比最大流量小很多。要减少流量，通常情况下只能调节挡板或阀门的开度，即通过关小或开大阀门、挡板的开度来调节流量。阀门控制法的实质是通过改变管网阻力大小来改变流量。然而当所需流量减小时，这种控制方式会使得压力增加。过剩的风机、水泵功率将导致压力增加造成很大的能量损耗。

恒压供水是指在供水管网中用水量发生变化时，出水口的压力保持不变的供水方式。供水管网出口压力值是根据用户需求确定的，图 8-1 所示为恒压供水系统图。

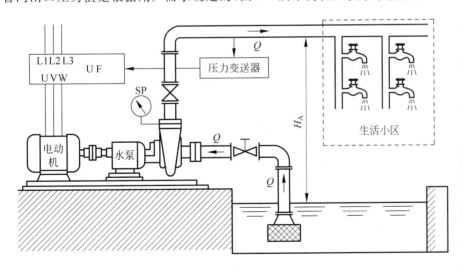

图 8-1　恒压供水系统图

图中水泵的作用是把水从水池吸入加压后输送到所需要的地方。采用变频调速后可实现恒压供水控制。

8.1 恒压供水的优点

(1) 节约建设投资。变频恒压供水取代了水塔、高位水箱等,减少了建筑面积,并降低了整个建筑的结构设计强度,又使泵房小型化,从而极大减少了投资,且高效节能。

(2) 避免水的二次污染。变频供水减少了中间环节,避免了水箱带来的二次污染,保护性能好。多台水泵的循环软启动,减少了对电网设备、供水管网的冲击,延长了水泵寿命。

(3) 具有手动和自动功能。

手动功能:用户可方便地对每台循环变量泵进行变频调速运行,对每台定量泵进行启停运转,此功能特别方便调试和抢修。

自动功能:各级泵各自定时轮流切换,使各个水泵能均匀工作。压力调节精度较高。

8.2 恒压供水的控制对象

对供水系统的控制,归根结底是为了满足用户对流量的需求,所以流量是供水系统的基本控制对象。供水流量的大小取决于扬程,但扬程难以进行具体测量和控制。考虑到在动态情况下,管道中水压的大小与供水能力(供水流量 Q_C)和用水需求(用水流量 Q_U)之间的平衡情况有关,即:

(1) 如果 $Q_C > Q_U$,则压力上升。

(2) 如果 $Q_C = Q_U$,则压力不变。

(3) 如果 $Q_C < Q_U$,则压力下降。

可见保持供水系统中某处压力的恒定,就恰到好处地满足了用户所需的用水量。所以恒压供水的控制对象是压力。

8.3 恒压供水的系统组成

图 8-2 所示为变频器内部控制框图。

主泵电动机 M 由变频器 UF 供电,变频器有两个模拟信号的输入端,一个是目标信号输入端,即给定端 VRF。当 PID 功能有效时,VRF 端自动成为目标信号的输入端,目标信号从电位器上取出。目标信号是与压力的控制目标相对应的值,显示屏上通常以百分数表示。目标信号也可以由键盘直接给定,而不通过外接电路来给定。

反馈信号输入端即辅助给定端 VRF。当 PID 功能有效时,VRF 端自动成为反馈信号的输入端,接收从压力变送器 SP 反馈回来的信号。图中压力变送器 SP 的电源由变频器提供(端子 24V-GND),其输出信号便是反映实际压力的信号 X_F,接至变频器的 VRF。反馈信号的大小在显示屏上也用百分数表示。

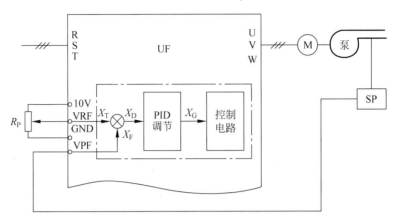

图 8-2　恒压供水变频器内部控制框图

压力传感器的输出信号是随压力而变化的电压或电流信号,当信号距离较远时,采取电流信号,用以减少线路压降引起的误差;当信号距离较近时,可以采取电流或电压信号。

目标信号的确定:目标信号除了和压力控制目标有关,还和压力变送器 SP 的量程有关。例如,设用户所要求的供水压力为 0.6MPa,压力变送器的输出信号为 4~20mA,则当压力变送器的量程为 0~1MPa 时,20mA 与 1MPa 对应,而与目标压力对应的反馈量为 13.6mA,是压力表全量程的 60%,所以目标值就预设为 60%。

8.4　恒压供水系统的工作过程

因为压力要求恒定,所以采用具有 PID 调节功能的闭环控制。变频器一般都具有 PID 调节功能,其内部的框图如图 8-2 中点画线框内所示。

图 8-3 所示是变频恒压供水系统正常工作下的 PID 调节过程。

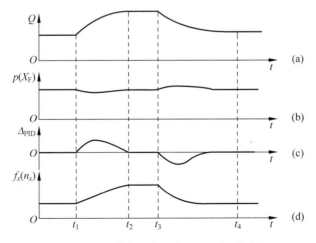

图 8-3　恒压供水正常工作下 PID 调节过程

图 8.3(a)所示为管道内流量 Q 的变化情况；图 8-3(b)所示为供水压力 p 的变化情况,由于 PID 的调节结果,它的变化是很小的；图 8-3(c)所示为管道内流量发生变化(从而供水压力也变化)时的 PID 调节量 Δ_{PID},Δ_{PID} 值只是在压力反馈量 X_F 与目标值 X_T 之间有偏差时才出现。在无偏差时,$\Delta_{PID}=0$；图 8-3(d)所示为变频器输出频率 f_x 和电动机转速 n_x 的变化情况。

8.5　多台水泵的切换功能

由于在不同的时间和季节,用水量的变化是很大的,因此采用若干台水泵同时供水,本着多用多开、少用少开的原则,既满足了系统对恒压供水的要求,又可以节约用电。

一般来说,多泵供水主要有 1 控 x 方式、一主多辅方式和 1 控 1 切换方式三种类型。

1. 1 控 x 方式

供水系统由若干流量相同或接近的水泵组成。为了减少设备投资,由一台变频器进行统一控制。

加泵过程：当供水流量少于变频泵恒压工频下的流量时,由 1 号泵在变频器控制情况下自动调速供水,当用水流量增大时,变频泵 1 的转速升高。当变频泵 1 的转速升高到上限转速时,水力仍然不足,经过短暂延时,确认系统用水量已经增大后,将 1 号泵切换为工频工作,同时变频器的输出频率迅速降为 0Hz,然后使 2 号泵投入变频运行,当 2 号泵也达到上限频率而水压仍不足时,又使 2 号泵切换为工频运行,3 号泵投入变频运行。以此类推,逐渐投入水泵实现恒压供水。

减泵过程：当用水流量减少,变频泵已达到下限频率,而压力仍较高,各并联工频泵按顺序关泵停机。此方案所需设备费用较少,但只有一台水泵实行变频调速,故节能效果较差。

以 1 控 3 为例,如图 8-4 所示。图中的接触器 1KM2、2KM2、3KM2 分别用于将各台水泵电动机接至变频器；接触器 1KM3、2KM3、3KM3 分别用于将各台水泵电动机接至工频电源。

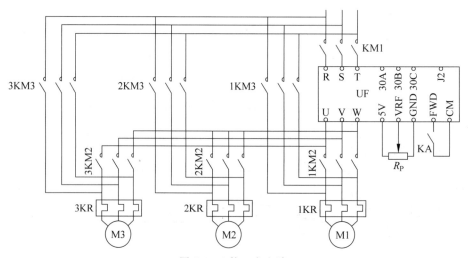

图 8-4　1 控 3 主电路

2. 一主多辅方式

上述切换控制系统中,当进行变频与工频切换时,如果处理不当,容易出现过电流的问题。为了避免与工频之间的切换,有的供水方式采用一主多辅的控制方式,如图 8-5 所示。

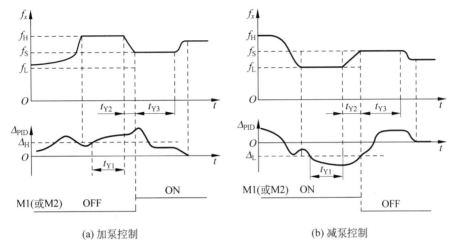

(a) 加泵控制　　　　　　　　　　　(b) 减泵控制

图 8-5　一主二辅加减泵控制

供水的基本结构是一台主泵 M0,容量较大,进行变频调速。多台辅助泵容量较小,都由工频电源直接供电,但其启动和停止由变频器控制。一主多辅供水系统中都不必进行变频和工频之间的切换,只需要进行辅助泵之间的加泵和减泵控制。具体来说,当主泵已在上限频率下运行,但供水系统压力仍然较低时,应加泵,如果因用水量增加压力又偏低,则再增加一台辅助泵,保证系统的压力恒定,以此类推。

反之,当主泵已在下限频率下运行,但供水系统压力仍然偏低,应减泵,如果因用水量减少,压力又偏高,则再减少一台辅助泵,保证系统的压力恒定,以此类推。

① 加泵控制。其主要特点是以 PID 的调节量是否超过限值作为加泵或减泵的依据。当变频器的输出频率 f_x 因受上限频率 f_H 的限制而不能再上升,而管网压力仍偏低时,PID 的调节量 Δ_{PID} 将超过上限值 Δ_H,变频器都将计时,当 Δ_{PID} 超过上限位 Δ_H 的时间超过确认时间 t_{Y1} 时,说明确实需要加泵。一主二辅加泵控制如图 8-5(a)所示。

加泵的过程如下所述。

加泵的准备阶段:变频器把输出频率按预置的减速时间下降至加减泵控制频率 f_S,降速所需时间为 t_{Y2},在此过程中,变频器的 PID 调节器功能将暂停。

加泵的实施阶段:启动一台辅助泵 M1(如果 M1 已在运行,则启动 M2,以此类推)。

加泵的完成阶段:变频器在输出频率为 f_S 的状态下维持时间 t_{Y3},在这段时间内,将禁止再次加泵。设置 t_{Y3} 的目的是防止在加泵过程中,由于 Δ_{PID} 尚未回到正常范围而再次加泵。

② 减泵控制。当变频器的输出频率 f_x 受下限频率 f_L 的限制而不能再下降,而管网压力仍偏高时,PID 的调节量 Δ_{PID} 将超过下限值 Δ_H,每次超过,变频器都将计时,当 Δ_{PID} 超过下限值 Δ_H 的时间超过确认时间 t_{Y1},说明确实需要减泵。减泵的过程如下所述。

减泵的准备阶段:变频器把输出频率按预置的加速时间上升至加减泵控制频率 f_S,加速所需时间 t_{Y2},在此过程中,变频器的 PID 调节器功能将暂停。

减泵的实施阶段:停止一台辅助泵 M1(如果 M1、M2 都已在运行,则可先停 M2,以此类推)。

减泵的完成阶段:变频器在输出频率为 f_S 的状态下维持时间 t_{Y3},在这段时间内,将禁止再次减泵。设置 t_{Y3} 的目的是防止在减泵过程中,由于 Δ_{PID} 尚未回到正常范围而再次减泵。

3. 1 控 1 切换方式

以两台泵为例,即每台水泵都由一台变频器控制,这时,需指定一台作为主泵,系统的工作过程如下:首先启动 1 号泵(主),进行变频控制;当 1 号泵变频器的输出频率已经上升到 50Hz,而水压仍不足时,2 号泵启动并升速,使 1 号泵、2 号泵同时进行变频控制。当 1 号泵变频器的输出频率下降到下限频率(如 30Hz),而水压仍偏高时,2 号泵减速并停止,进入 1 号泵进行变频控制的状态。此方案的一次性投入费用较高,但节能效果是最好的,可以很快回收设备费用。但此方式也有不足之处,就是在只有一台变频器运行并切换到工频过程中会造成管网短时失压,在设计时应引起重视。另外,必须设一套备用系统,一般用软启动器作为备用。当变频器或 PLC 故障时,可用软启动器手动轮流启动各泵运行供水。我国在初期大多采用 1 控 x 方式,经济较发达地区采用 1 控 1 方式的也不少,但总的趋势是采用 2 控 3、2 控 4、3 控 5 的方案。

8.6 恒压供水实例

某大楼的供水系统实际扬程 $H_A = 30m$,要求供水压力保持在 0.5MPa,压力变送器的量程是 0~1MPa,如图 8-6 所示的一主二辅供水系统。

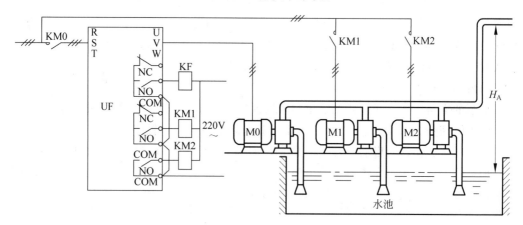

图 8-6 一主二辅供水系统

主泵电动机：22kW、42.5A、1470r/min，由变频器控制。

变频器：西门子 MM440 系列变频器，29kV·A(适配电动机为 22kW)，45A。

辅泵电动机：5.5kW、11.6A、1440r/min，直接接到工频电源上。

(1) 基本功能的预置见表 8-1。

表 8-1 基本功能的预置

功能码	功 能 名 称	数据码	数据码含义
P0210	供电电压	380	
P0290	变频器过载时的措施	0	降低频率，防止跳闸
P1080	最低频率	30	根据静扬程进行预置
P1082	最高频率	50	上限频率为 50Hz
P1120	斜坡上升时间	20	
P1121	斜坡下降时间	20	

(2) 转矩提升功能的预置。相关功能预置见表 8-2。

表 8-2 相关功能预置

功能码	功 能 名 称	数据码	数据码含义
P1300	变频器的控制方式	2	二次方规律转矩提升方式
P1312	起始提升	10%	提升量为额定电流的 10%

(3) 恒压供水的过程控制。

① 控制系统的接线图如图 8-7 所示。

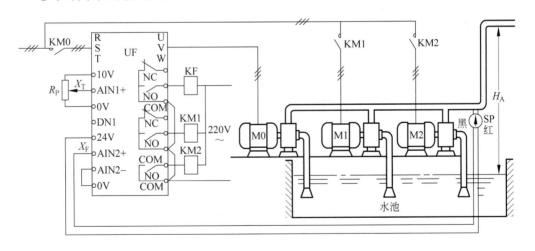

图 8-7 控制系统的接线图

② 相关功能的设置见表 8-3。

表 8-3　反馈信号相关功能的设置

功能码	功 能 名 称	数据码	数据码含义
P2200	允许 PID 控制投入	1	PID 功能有效
P2253	PID 设定值信号源	755	目标信号从 AIN1＋输入
P2264	PID 反馈信号	755	反馈信号从 AIN2＋输入
P2266	反馈信号上限值	60%	与上限压力对应(0.6MPa)
P2268	反馈信号下限值	40%	与下限压力对应(0.4MPa)
P2271	传感器的反馈形式	0	负反馈

（4）反馈性形式的判断。相关功能反馈形式的判断在 PID 无效的情况下，如增大频率，反馈信号也随之增大，则为负反馈；如增大频率，反馈信号反而减小，则为正反馈。

（5）PID 的预置与工况。工况示意图如图 8-8 所示。

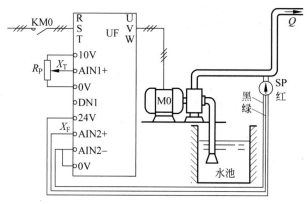

(a) 恒压供水系统

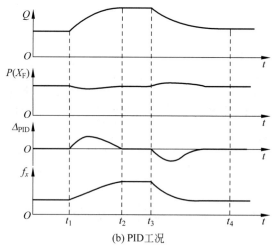

(b) PID工况

图 8-8　恒压供水的工况

调试功能见表8-4。

表 8-4　调试功能的设置

功能码	功 能 名 称	数据码	数据码含义
P2280	PID 增益系数	5	比例增益为5
P2285	PID 积分时间	10s	积分时间为10s
P2291	PID 输出上限	10%	上下限预置得越小,则加、减泵切换越频繁
P2292	PID 输出下限	−10%	
P2293	PID 上升时间	20s	启动时防加速过快而跳闸

在流量比较稳定的情况下,如反馈信号时而大于目标信号,时而小于目标信号,说明系统发生了振荡,应减小 P,或增大 I。

当流量发生变化(增大或减小)后,反馈信号难以迅速恢复到等于目标信号时,说明系统反应迟缓,应增大 P,或减小 I。

(6)切换控制。

① 加、减泵控制要点如图8-5所示。

② 功能预置见表8-5。

表 8-5　加、减泵功能预置

功能码	功 能 名 称	数据码	数据码含义	说　明
P2371	辅助泵分级控制	2	M1+M2	有两台辅助泵参与控制
P2372	辅助泵分级循环	1	分级循环	运行时间短者先加后减
P2373	PID 回线宽度	20%	上下限宽度	即 Δ_H 与 Δ_L 之间的宽度
P2374	加泵延时	300s	加泵确认时间	
P2375	减泵延时	300s	减泵确认时间	
P2376	PID 调节量极限	40%	Δ_{PID}超过极限时,立即加、减	
P2377	禁止加、减泵时间	400s	Δ_{PID}超限未回到正常范围时,不能加、减泵	
P2378	加、减泵控制频率	85%	切换过渡频率 f_s	

(7)睡眠与唤醒控制。

睡眠与唤醒控制特点如图8-9所示。

睡眠与唤醒功能设置见表8-6。

表 8-6　睡眠与唤醒功能设置

功能码	功 能 名 称	数据码	数据码含义
P2390	节能设定值	35Hz	节能启动频率
P2391	节能定时器	240s	定时器计时时间,即确认时间
P2392	节能再启动设定	40%	PID 调节量的唤醒值

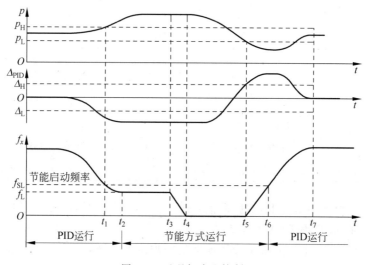

图 8-9 睡眠与唤醒控制

实训任务 9 变频器的 PID 控制操作

1. 实训目标

(1) 掌握面板设定目标值的接线方法及参数设置。

(2) 掌握端子设定多个目标值的接线方法及参数设置。

(3) 熟悉 P、I、D 参数调试方法。

2. 实训时间

4 学时。

3. 实训器材

(1) MM420 变频器单元模块 1 台。

(2) 三相交流异步电动机 1 台。

(3) 实验电路板及器件 1 套, 导线若干。

(4) 压力传感器 1 个(4~20mA)、断路器 1 个、熔断器 3 个、自锁按钮、导线若干、通用电工工具 1 套等。

4. 实训内容

MM420 变频器 PID 控制运行操作。

5. 实训原理

在实际生产中, 拖动系统的运行速度需要平稳, 而负载在运行中不可避免地受到一些不可预见的干扰, 系统的运行速度将失去平衡, 出现振荡, 和设定值存在偏差。经过变频器的 P、I、D 参数调节, 可以迅速、准确地消除拖动系统的偏差, 回复到给定值。

PID 控制是闭环控制中的一种常见形式。反馈信号取自拖动系统的输出端, 当输出量偏离所要求的给定值时,反馈信号成比例变化。在输入端,给定信号与反馈信号相比较,存在一个偏差值。经过 P、I、D 参数调节,变频器通过改变输出频率,迅速、准确地消除拖动系统的偏差,回复到给定值。适用于压力、温度、流量控制等。

MM420 变频器内部有 PID 调节器。利用 MM420 变频器可以很方便地构成 PID 闭环控制,MM420 变频器 PID 控制原理简图如图 8-10 所示,PID 给定源和反馈源分别见表 8-7 和表 8-8。

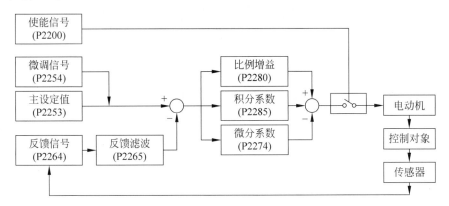

图 8-10　MM420 变频器 PID 控制原理简图

表 8-7　MM420 PID 给定源

PID 给定源	设定值	功能解释	说　明
P2253	2250	BOP 面板	通过改变 P2240 改变目标值
	755.0	模拟通道 1	通过模拟量大小改变目标值
	755.1	模拟通道 2	

表 8-8　MM420 PID 反馈源

PID 反馈源	设定值	功能解释	说　明
P2264	755.0	模拟通道 1	当模拟量波动较大时,可适当加大滤波时间,确保系统稳定
	755.1	模拟通道 2	

6. 操作方法和步骤

(1) 按要求接线

图 8-11 所示为面板设定目标值时 PID 控制端子接线图,模拟输入端 AIN2 接入反馈信号 0～20mA,数字量输入端 DIN1 接入的带锁按钮 SB1 控制变频器的启停,给定目标值由 BOP 面板上的 ⬆、⬇ 键设定。

(2) 参数设置

① 参数复位。恢复变频器工厂默认值,设定 P0010＝30 和 P0970＝1,按下 ⓟ 键,开始复位,复位过程大约为 3s。

② 设置电动机参数,见表 8-9。电动机参数设置完成后,设 P0010＝0,变频器当前处于准备状态,可正常运行。

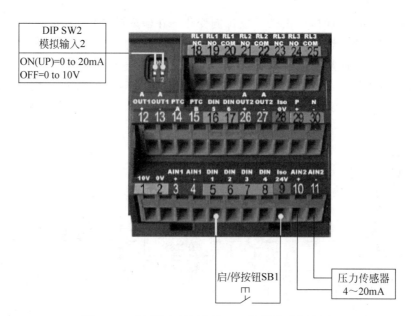

图 8-11 面板设定目标值的 PID 控制端子接线图

表 8-9 电动机参数设置

参数号	出厂值	设置值	说 明
P0003	1	1	设定用户访问级为标准级
P0010	0	1	快速调试
P0100	0	0	功率以 kW 表示,频率为 50Hz
P0304	230	380	电动机额定电压(V)
P0305	3.25	1.05	电动机额定电流(A)
P0307	0.75	0.37	电动机额定功率(kW)
P0310	50	50	电动机额定频率(Hz)
P0311	0	1400	电动机额定转速(r/min)

③ 设置控制参数,见表 8-10。

表 8-10 控制参数表

参数号	出厂值	设置值	说 明
P0003	1	2	用户访问级为扩展级
P0004	0	0	参数过滤显示全部参数
P0700	2	2	由端子排输入(选择命令源)
* P0701	1	1	端子 DIN1 功能为 ON 接通正转/OFF 停车
* P0702	12	0	端子 DIN2 禁用
* P0703	9	0	端子 DIN3 禁用
P0725	1	1	端子 DIN 输入为高电平有效
P1000	2	1	频率设定由 BOP 上的 ▲、▼ 键设置

续表

参数号	出厂值	设置值	说　明
* P1080	0	20	电动机运行的最低频率(下限频率)(Hz)
* P1082	50	50	电动机运行的最高频率(上限频率)(Hz)
P2200	0	1	PID 控制功能有效

注:表中标"＊"号的参数可根据用户的需要改变。

④ 设置目标参数,见表 8-11。

表 8-11　目标参数表

参数号	出厂值	设置值	说　明
P0003	1	3	用户访问级为专家级
P0004	0	0	参数过滤显示全部参数
P2253	0	2250	已激活的 PID 设定值(PID 设定值信号源)
* P2240	10	60	由面板 BOP 上的 ⊙、⊙ 键设定的目标值(%)
* P2254	0	0	无 PID 微调信号源
* P2255	100	100	PID 设定值的增益系数
* P2256	100	0	PID 微调信号增益系数
* P2257	1	1	PID 设定值斜坡上升时间
* P2258	1	1	PID 设定值的斜坡下降时间
* P2261	0	0	PID 设定值无滤波

注:表中标"＊"号的参数可根据用户的需要改变。

当 P2232＝0 允许反向时,可以用面板 BOP 键盘上的 ⊙、⊙ 键设定 P2240 值为负值。

⑤ 设置反馈参数,见表 8-12。

表 8-12　反馈参数表

参数号	出厂值	设置值	说　明
P0003	1	3	用户访问级为专家级
P0004	0	0	参数过滤显示全部参数
P2264	755.0	755.1	PID 反馈信号由 AIN2＋(即模拟输入 2)设定
* P2265	0	0	PID 反馈信号无滤波
* P2267	100	100	PID 反馈信号的上限值(%)
* P2268	0	0	PID 反馈信号的下限值(%)
* P2269	100	100	PID 反馈信号的增益(%)
* P2270	0	0	不用 PID 反馈器的数学模型
* P2271	0	0	PID 传感器的反馈形式为正常

注:表中标"＊"号的参数可根据用户的需要改变。

⑥ 设置 PID 参数,见表 8-13。

表 8-13 PID 参数表

参数号	出厂值	设置值	说　明
P0003	1	3	用户访问级为专家级
P0004	0	0	参数过滤显示全部参数
＊P2280	3	25	PID 比例增益系数
＊P2285	0	5	PID 积分时间
＊P2291	100	100	PID 输出上限(％)
＊P2292	0	0	PID 输出下限(％)
＊P2293	1	1	PID 限幅的斜坡上升/下降时间(s)

注:表中标"＊"号的参数可根据用户的需要改变。

(3) 变频器运行操作

① 按下带锁按钮 SB1 时,变频器数字输入端 DIN1 为"ON",变频器启动电动机。当反馈的电流信号发生改变时,将会引起电动机速度发生变化。若反馈的电流信号小于目标值 12mA(即 P2240 值),变频器将驱动电动机升速;电动机速度上升又会引起反馈的电流信号变大。当反馈的电流信号大于目标值 12mA 时,变频器又将驱动电动机降速,从而又使反馈的电流信号变小;当反馈的电流信号小于目标值 12mA 时,变频器又将驱动电动机升速。如此反复,能使变频器达到一种动态平衡状态,变频器将驱动电动机以一个动态稳定的速度运行。

② 如果需要,则目标设定值(P2240 值)可直接通过按操作面板上的 🔼、🔽 键来改变。当设置 P2231＝1 时,由 🔼、🔽 键改变的目标设定值将被保存在内存中。

③ 放开带锁按钮 SB1,数字输入端 DIN1 为"OFF",电动机停止运行。

7. 实训检查与评价

按表 8-14 要求填写内容。

表 8-14 实训检查与评价表

序　号	检查项目	检查得分

对本次实训教学技能熟练程度的自我评价:

你对改进教学的建议和意见:

评价标准见表 8-15。

表 8-15 实训标准操作评价表

序号	检查内容	考核要求	评分标准	配分	扣分	得分
1	接线	能正确使用工具和仪表,按照电路图正确接线	(1) 接线不规范,每处扣5~10分; (2) 接线错误,扣20分	20		
2	参数设置	能根据任务要求正确设置变频器参数	(1) 参数设置不全,每处扣5分; (2) 参数设置错误,每处扣5分	40		
3	操作调试	操作调试过程正确	(1) 变频器操作错误,扣10分; (2) 调试失败,扣20分	20		
4	安全文明生产	操作安全规范、环境整洁	违反安全文明生产规程,扣5~10分	20		

项目 9

PLC的变频器控制指令USS

通过 USS 协议与变频器通信，使用 USS 指令库中已有的子程序和中断程序使变频器的控制更加简便。可以用 USS 指令控制变频器和读取或写入变频器的参数。

用于变频器控制的编程软件需要安装 STEP 7-Micro/WIN 指令库（Libraries），库中的 USS Protocol 提供变频器控制指令，如图 9-1 所示。

USS 指令使用 S7-200 中的下列资源。

（1）初始化 USS 协议将端口 0 指定用于 USS 通信。

使用 USS_INIT 指令为端口 0 选择 USS。选择 USS 协议与变频器通信后，不能将端口 0 再用于其他用途，也不能再用端口 0 与 STEP 7-Micro/WIN 通信。

图 9-1　USS Protocol 指令库

（2）在使用 USS 协议控制变频器时，可以选用 CPU 226、CPU 226XM 或 EM277 PROFIBUS 与计算机中 PROFIBUS CP 连接的 DP 模块，这样端口 0 用于与变频器的通信，端口 2 用于连接 STEP 7-Micro/WIN，便于监控程序的运行。

（3）与端口 0 自由端口通信相关的所有特殊内部标志位存储器 SM 位，被用于变频器的控制。

（4）USS 指令使用 14 个子程序和 3 个中断程序对变频器进行控制。

（5）USS 指令的变量要求一个 400 个字节的内存块。该内存块的起始地址由用户指定，保留用于 USS 变量。

（6）某些 USS 指令也要求有一个 16 个字节的通信缓冲器。

（7）执行计算时，USS 指令使用累加器 AC0～AC3。

9.1　USS 指令介绍

USS_INIT 变频器初始化指令用于启用和初始化与变频器的通信。在使用任何其他USS 指令之前,必须执行 USS_INIT 指令,且无错。该指令完成才能继续执行下一条指令。指令格式如图 9-2所示。

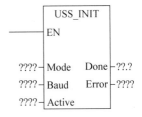

图 9-2　USS_INIT 指令格式

EN:"使能"输入端,应使用边沿脉冲信号调用指令。输入数据类型为"BOOL"型数据。

Mode:输入值为"1"时,端口 0 启用 USS 协议;输入值为"0",端口 0 用作 PPI 通信,并禁用 USS 协议。数据类型为字节型数据。

Baud(波特率):PLC 与变频器通信波特率的设定。将波特率设为 1200、2400、4800、9600、19200、38400、57600 或 115200。数据类型为双字型数据。

Active:现用变频器的地址(站点号)。数据类型为双字型数据,双字的每一位控制一台变频器,位为"1"时,该位对应的变频器为现用。bit0 为第 1 台,bit31 为第 32 台。例如输入 0008H,则 bit3 位对应的变频器 D3 为现用,见表 9-1。

表 9-1　变频器的地址

D31	D30	D29	D28	…	D19	D18	D17	D16	…	D3	D2	D1	D0
0	0	0	0	…	0	0	0	0	…	1	0	0	0

Done:当 USS_INIT 指令完成时,Done 输出为"1"。BOOL 型数据。

Error:指令执行错误代码输出,字节型数据。

USS_INIT 变频器初始化子程序是一个加密的带参数的子程序,如图 9-3 所示。程序中使用的都是局部变量,在使用该子程序时,需要根据图 9-3 所示的局部变量表,按照指示的数据类型对输入(IN)输出(OUT)变量进行赋值。

	符号	变量类型	数据类型	注释
	EN	IN	BOOL	
LB0	Mode	IN	BYTE	启动/停止(1=启动USS,0=停止USS)
LD1	Baud	IN	DWORD	波特率(1200、2400、4800、9600、19200、38400、57600、115200)
LD5	Active	IN	DWORD	每个位表示某个特定的驱动器正处于现用状态。
		IN		
		IN_OUT		
L9.0	Done	OUT	BOOL	初始化完成旗标
LB10	Error	OUT	BYTE	初始化错误代码
		OUT		
		TEMP		

图 9-3　USS_INIT 变频器初始化子程序

USS_CTRL 指令用于控制现用的变频器,指令格式如图 9-4 所示。已在 USS_INIT 指令的 Active(现用)参数中选择变频器可以使用 USS_CTRL 指令。每一台变频器只能用一条 USS_CTRL 指令。指令格式如图 9-4 所示。

EN:指令"使能"输入端,EN=1 时,启用 USS_CTRL 指令。USS_CTRL 指令应当一直启用,所以 EN 端应一直为"1"。

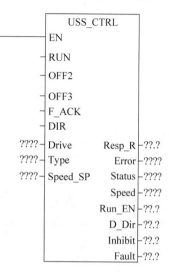

图 9-4　USS_CTRL 指令

RUN(运行):变频器运行或停止控制端。

当 RUN(运行)位=1 时,变频器按指定的速度和方向开始运行。为了使变频器运行,该变频器在 USS_INIT 中必须被选为 Active(现用)。OFF2 和 OFF3 必须被设为 0。Fault(故障)和 Inhibit(禁止)必须为 0。当 RUN(运行)=0 时,变频器减速直至停止。

OFF2:用于变频器自由停车。

OFF3:用于变频器迅速(带电气制动)停止。

F_ACK(故障确认):用于确认变频器中的故障。当变频器已经清除故障,F_ACK 从 0 转为 1 时,通过该信号清除变频器报警。

DIR(方向):电动机转向控制信号,通过控制该信号为"1"或"0"来改变电动机的转向。

Drive:输入变频器的地址。向该地址发送 USS_CTRL 命令。有效地址:0~31。

Type:输入变频器的类型。将 MM 3(或更早版本)变频器的类型设为 0。将 MM 4 变频器类型设为 1。

Speed_SP(速度定点):以百分比形式给出速度(频率)的给定输入。Speed_SP 的负值会使变频器逆向旋转。范围为-200.0%~200.0%。

Resp_R(收到应答):确认从变频器收到应答。每次 S7-200 从变频器收到应答时,Resp_R 位接通后,进行一次扫描,USS_CTRL 的输出状态被更新。

Error(错误):指令执行错误代码输出。

Status(状态):变频器工作状态输出。

Speed(速度):以百分数形式给出变频器的实际输出速度(频率)。范围为-200.0%~200.0%。

Run_EN(运行启用):变频器运行、停止指示。"1"运行、"0"停止。

D_Dir:变频器的实际转向输出。

Inhibit(禁止):变频器禁止状态输出(0 不禁止,1 禁止)。欲清除禁止位,"故障"位必须为 0,RUN(运行)、OFF2 和 OFF3 输入也必须为 0。

Fault(故障):变频器故障输出,"0"变频器无故障,"1"变频器故障。

变频器控制指令需要用调用已经加密的子程序的形式进行编程,如图 9-5 所示,子程序中全部使用局部变量,需要用变频器控制指令 USS_CTRL 对其进行赋值,各变量的作用和数据类型如图 9-5 所示。

SIMATIC LAD

符号	变量类型	数据类型	注释
EN	IN	BOOL	
RUN	IN	BOOL	1=运行，0=停止
OFF2	IN	BOOL	滑行停止
OFF3	IN	BOOL	快速停止
F_ACK	IN	BOOL	故障认可
DIR	IN	BOOL	方向
Drive	IN	BYTE	驱动器地址
Type	IN	BYTE	驱动器类型（0=MM3，1=MM4）
Speed_SP	IN	REAL	速度定点（-200.0%至200.0%）
	IN		
	IN_OUT		
Resp_R	OUT	BOOL	收到应答
Error	OUT	BYTE	错误代码（0=无错）
Status	OUT	WORD	由驱动器返回的状态字
Speed	OUT	REAL	当前速度（-200.0%至200.0%）
Run_EN	OUT	BOOL	运行启用
D_Dir	OUT	BOOL	驱动器方向
Inhibit	OUT	BOOL	禁止状态
Fault	OUT	BOOL	故障状态
	OUT		
STW	TEMP	WORD	
HSW	TEMP	WORD	
CKSM	TEMP	BYTE	
UPDATE	TEMP	BYTE	
ZSW	TEMP	WORD	
HIW	TEMP	WORD	
SIZE	TEMP	BYTE	
	TEMP		

图 9-5　USS_CTRL 指令

USS_RPM_x 为变频器参数阅读指令，变频器参数阅读指令共有三条：USS_RPM_W 指令读取不带符号的字参数；USS_RPM_D 指令读取不带符号的双字参数；USS_RPM_R 指令读取浮点参数。指令格式如图 9-6 所示。

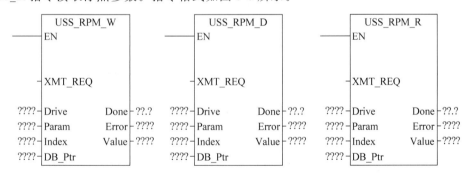

图 9-6　变频器参数阅读指令 USS_RPM_x

（1）输入变量（IN）

EN：指令"使能"输入端，使能为"1"时，允许执行变频器参数阅读指令。

XMT_REQ：参数阅读请求，只能使用脉冲信号触发，XMT_REQ 输入值为"1"，变频器参数传送到 PLC，XMT_REQ 输入值为"0"，停止参数传送。

Drive：变频器的地址。单台变频器的有效地址是 0～31。

Param（参数）：变频器的参数号码。

Index：变频器参数的下标号。

DB_Ptr：用于参数传送的 16 位缓冲存储器地址。

（2）输出变量（OUT）

Done：当 USS_RPM_x 指令正确执行完成时，"Done"输出为"1"。

Error：指令执行错误代码输出。

Value：变频器的参数值。

变频器参数阅读指令同样需要用调用带参数的子程序的形式进行编程，子程序是加密的，调用该子程序需要对局部变量 L 进行赋值，该子程序的局部变量表如图 9-7 所示。

	符号	变量类型	数据类型	注释
	EN	IN	BOOL	
L0.0	XMT_REQ	IN	BOOL	传输请求 - 仅限为一次扫描打开
LB1	Drive	IN	BYTE	驱动器地址
LW2	Param	IN	WORD	需要读取的参数
LW4	Index	IN	WORD	参数索引
LD6	DB_Ptr	IN	DWORD	16个字节缓冲器地址
		IN		
		IN_OUT		
L10.0	Done	OUT	BOOL	如果是1，则处理USS讯息
LB11	Error	OUT	BYTE	错误代码（ 0 =无错 ）
LW12	Value	OUT	WORD	参数值
		OUT		
L14.0	SIZE	TEMP	BOOL	
		TEMP		

图 9-7　读子程序的局部变量表

变频器参数写入指令 USS_WPM_x 的作用是通过 PLC 程序向变频器写入参数。该指令共有三条：USS_WPM_W 指令写入不带符号的字参数；USS_WPM_D 指令写入不带符号的双字参数；USS_WPM_R 指令写入浮点参数。指令格式如图 9-8 所示。

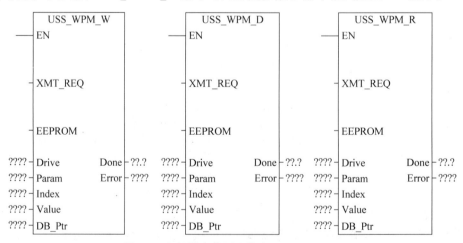

图 9-8　变频器参数写入指令 USS_WPM_x

（1）输入变量（IN）

EN：指令"使能"输入端，输入"1"允许执行变频器参数写入指令。

XMT_REQ：参数写入请求，"1"PLC 参数写入变频器，"0"停止参数传送。XMT_

REQ输入应当通过一个边沿脉冲信号触发。

EEPROM：EEPROM输入为"1"时，同时写入到变频器的RAM和EEPROM，为"0"时，只写入到RAM中。

Drive：变频器的地址。单台变频器的有效地址是0～31。

Param：变频器的参数号。

Index：变频器参数下标号。

Value：写入的变频器参数值。

DB_Ptr：用于参数传送的16位缓冲存储器地址。

（2）输出变量（OUT）

Done：当指令正确执行完成时，"Done"输出为"1"。

Error：指令执行错误代码输出。

变频器参数写入指令同样需要用调用带参数的子程序的形式进行编程，子程序是加密的，调用该子程序需要对局部变量L进行赋值，该子程序的局部变量表如图9-9所示。

	符号	变量类型	数据类型	注释
	EN	IN	BOOL	
L0.0	XMT_REQ	IN	BOOL	传输请求 - 仅限为一次扫描打开
L0.1	EEPROM	IN	BOOL	1=向驱动器的EEPROM和RAM写入数值，0=仅限向驱动器的RAM写入数值
LB1	Drive	IN	BYTE	驱动器地址
LW2	Param	IN	WORD	需要写入的参数
LW4	Index	IN	WORD	参数索引
LW6	Value	IN	WORD	需要向驱动器写入的参数值
LD8	DB_Ptr	IN	DWORD	16个字节缓冲器地址
		IN		
		IN_OUT		
L12.0	Done	OUT	BOOL	如果是1，则处理USS讯息
LB13	Error	OUT	BYTE	错误代码（0=无错）
		OUT		
L14.0	SIZE	TEMP	BOOL	
		TEMP		

图9-9　写子程序的局部变量表

9.2　USS控制变频器参数的设定

PLC以USS协议控制变频器，变频器需要进行如下参数的设定。

P0003＝3：用户访问级为3。

P0700＝5：变频器运行控制指令的输入方式选择远程集中控制方式，并以USS串行通信协议进行控制（PLC控制方式）。

P1000＝5：变频器频率给定的输入方式选择远程集中控制方式，由RS-485接口通过连接总线以USS串行通信协议进行输入（PLC控制方式）。

P2000[0]：基准频率设定，访问级为2。基准频率对应十六进制4000H（32768）。

P2009[0]：对USS输入频率规格化，访问级为3。可能的设定值如下。

P2009[0]＝0，禁止，根据P2000的设定，对USS输入的频率进行换算。

P2009[0]＝1,使能规格化,即 USS 输入频率直接转换为十进制(单位 0.01Hz)。

P2010[0]:COM 链路的 USS 波特率设定。访问级为 3,默认值为 6。可能的设定值如下。

P2010[0]＝3,1200bps。

P2010[0]＝4,2400bps。

P2010[0]＝5,4800bps。

P2010[0]＝6,9600bps。

P2010[0]＝7,19200bps。

P2010[0]＝8,38400bps。

P2010[0]＝9,57600bps。

P2011[0]:USS 地址,根据实际连接情况设定 0～31。访问级为 3。

P2014[0]:USS 数据传输超时报警的时间设定。访问级为 3;定义一个时间 T_off,如果在延迟 T_off 时间以后通过 USS 通道接收不到报文,那么将产生故障信号(F0070)。取值范围为 0～65535,默认值为 0。

【例 9-1】　分析如图 9-10 所示程序。

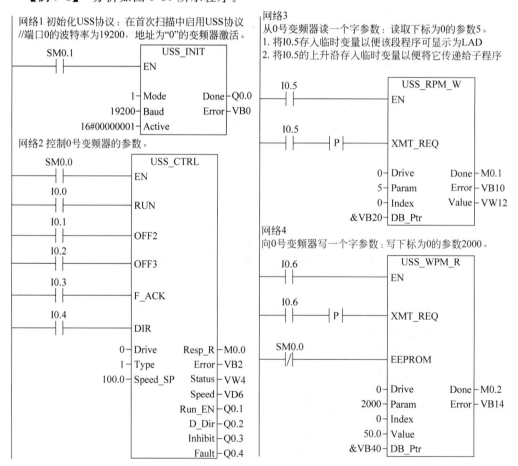

图 9-10　PLC 利用 USS 协议对变频器进行控制

PLC通过RS-485接口、利用USS协议对变频器进行控制,通信速率为19200b/s,变频器地址为0。

由PLC的I0.0~I0.4作为变频器的控制输入,分别控制变频器的运行、自由停车、紧急停止、报警应答、电动机转向。

变频器输出频率为50Hz(变频器基准频率值,通过I0.6写入)。

变频器的输出指示灯:通信正常、运行、现行转向、变频器禁止、变频器报警依次为Q0.0~Q0.4。

PLC变量存储器分配如下。

VB0:初始化错误代码存储。

VB2:变频器运行错误代码存储。

VW4:变频器工作状态存储。

VB10:变频器参数阅读错误代码存储。

VB14:变频器参数写入错误代码存储。

变频器参数读出:当输入I0.5为"1"时,将变频器参数P0005[0](变频器显示功能设定)读到PLC的变量存储区VW12中。

变频器参数写入:当输入I0.6为"1"时,将常数50.0写入变频器参数P2000[0](变频器基准频率设定)中。

参数的读写通信缓冲区地址为VB20、VB40。

实训任务10 基于PLC通信方式的变频器开环调速控制

1. 实训目标

(1)理解变频器与PLC之间使用USS协议通信。

(2)会基于PLC通信方式的变频器参数设置。

(3)会PLC对变频器控制的USS指令使用。

2. 实训时间

4学时。

3. 实训器材

(1)亚龙MICROMASTER 420变频器单元模块1台。

(2)三相交流异步电动机1台。

(3)实验电路板及器件1套,导线若干。

(4)压力传感器1个(4~20mA)、断路器1个、熔断器3个、自锁按钮、导线若干、通用电工工具1套等。

4. 实训内容

基于PLC通信方式的变频器开环调速控制。

5. 实训原理

电路工作原理如图 9-11 所示。

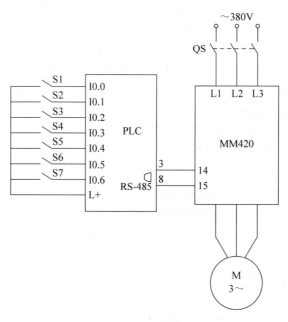

图 9-11　PLC 与 MM420 通信连接

输入端点的功能：I0.0 启动,I0.1 停止,I0.2 转速下降,I0.3 转速上升,I0.4 正反转调换,I0.5 点动减速,I0.6 点动加速。

变频器的地址见表 9-2。

表 9-2　变频器的地址

D31	D30	D29	D28	…	D19	D18	D17	D16	…	D3	D2	D1	D0
0	0	0	0	…	0	1	0	0	…	0	0	0	0

6. 操作方法和步骤

PLC 控制参考程序如图 9-12 所示。

（1）按要求接线

正确完成接线,将梯形图下载到 PLC 中,下载完毕后切换到"RUN"位置。在程序中,使用到了 USS 指令,该指令专用于 PLC 与 MM 系列变频器之间通信使用,具体的设置方法参阅前面的内容。

（2）参数修改与设置

不仅要对变频器 P0700 和 P1000 进行修改为 5,还要对其站点号和波特率进行修改,其中 P2011 为 18,P2010 为 6。另外在程序段中,也要将波特率和站点号设置得与变频器设置相一致,在主程序 MAIN 的 USS_INIT 网络段中,Baud 的设置一定要和所要激活的变频器设置的波特率一致,都为 9600,Active 参数为所要激活的变频器的站点号,该程序中所设变频器站为 18 号,波特率为 9600。

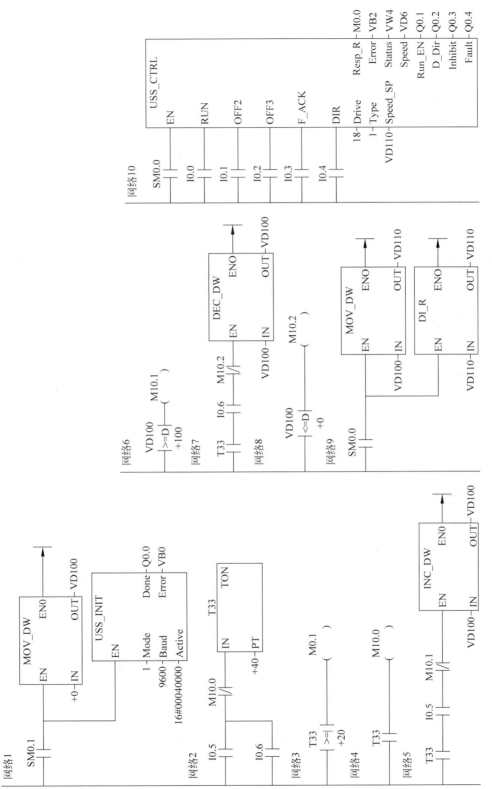

图 9-12 基于 PLC 通信方式的变频器开环调速控制程序

7. 实训检查与评价

按表 9-3 要求填写内容。

表 9-3　实训检查与评价表

序　号	检查项目	检查得分

对本次实训教学技能熟练程度的自我评价：

你对改进教学的建议和意见：

评分标准见表 9-4。

表 9-4　实训标准操作评价表

序号	检查内容	考核要求	评分标准	配分	扣分	得分
1	接线	能正确使用工具和仪表,按照电路图正确接线	(1) 接线不规范,每处扣 5~10 分; (2) 接线错误,扣 20 分	20		
2	参数设置	能根据任务要求正确设置变频器参数	(1) 参数设置不全,每处扣 5 分; (2) 参数设置错误,每处扣 5 分	40		
3	操作调试	操作调试过程正确	(1) 变频器操作错误,扣 10 分; (2) 调试失败,扣 20 分	20		
4	安全文明生产	操作安全规范、环境整洁	违反安全文明生产规程,扣 5~10 分	20		
5	总分			100		

本书内容归纳

变频器是利用电力半导体器件的通断作用将工频电源变换为频率可调的电能控制装置，能实现对交流异步电动机的软启动、变频调速、提高运转精度、改变功率因数，过流、过压、过载保护等功能。本书知识点见下表。

本书知识点归纳

名　　称	类　　别	基　本　知　识
变频器概述	变频器发展方向	网络智能化，专门化和一体化，节能环保无公害，适应新能源
	变频器的应用	风机、泵类负载节能，精度自控系统，提高工艺水平和产品质量
变频器的工作原理	变频器的组成	一是主电路单元，包括接工频电网的输入端(R、S、T)，接电动机的频率、电压连续可调的输出端(U、V、W)；二是监测单元，主要检测各种电压与电流信号；三是控制 CPU 单元，用来处理各种控制信号；四是驱动控制单元(LSI)，主要作用是产生驱动信号；五是参数设置和监视单元，包括液晶显示屏和操作面板键盘
	变频器的分类	变频器根据变流环节不同，可以分为交-交变频器和交-直-交变频器；根据直流电路的滤波方式不同，可以分为电流型变频器和电压型变频器；根据输出电压调制方式不同，可以分为脉幅调制(PAM)变频器和脉宽调制(PWM)变频器；按照控制方式不同，可以分为 V/f 控制变频器、转差频率控制变频器和矢量控制变频器；根据功能用途不同，可以分为通用变频器和专用变频器等；根据输入电源的相数不同，可以分为单相变频器和三相变频器等
	变频器主电路结构	由整流电路(交-直交换)，直流滤波电路(能耗电路)及逆变电路(直-交变换)组成
	变频器调速原理	交流异步电动机的转速公式：$n = 60f/P(1-s)$
变频器的参数设定与运行	MM420 变频器电路	一是主电路，主电路是由电源输入单相或三相恒压恒频的正弦交流电压，经整流器整流成恒定的直流电压，供给逆变电路；二是控制电路
	基本操作面板的认知与操作	BOP 具有 7 段显示的五位数字，可以显示参数的序号和数值，报警和故障信息，以及设定值和实际值。参数的信息不能用 BOP 存储。在默认设置时，用 BOP 控制电动机的功能是被禁止的。用 BOP 进行参数设置，参数 P0700 应设置为 1，参数 P1000 也应设置为 1
	MM420 变频器运行参数	常用频率参数(给定频率、输出频率、基本频率、最大频率、上限频率、下限频率、回避频率、点动频率)，变频器加速、减速时间

名　　称	类　　别	基　本　知　识
变频器的常用控制功能	参数设置	（1）复位工厂默认设置：P0010＝30，P0970＝1。（约 10s） （2）设置电动机参数。为了使电动机和变频器相匹配，需要设置电动机的参数与选用电动机型号一致。电动机参数设置完成后，设 P0010＝0，变频器处于准备状态，可正常运行
变频器的安装	安装布线	变频器安装场所的条件（干燥通风，少尘埃，少油污，电磁干扰的装置分隔）；变频器应该垂直安装，变频器与周围阻挡物之间留足距离；布线时尽可能缩短接地电缆的长度
变频器的维修	变频器维修常用工具仪表	指针式万用表、数字式万用表、示波器、频率计、信号发生器、直流电压源、电动机等
	维护与检查	日常检查，注意检查电网电压，改善变频器、电动机及线路的周边环境，定期清除变频器内部灰尘，通过加强设备管理来最大限度地降低变频器的故障率
	变频器的维修	常见故障：整流模块损坏，逆变模块损坏，上电无显示，显示过电压或欠电压，显示过电流或接地短路，电源与驱动板启动显示过电流。空载输出电压正常，带载后显示过载或过电流

基础知识练习题

1. 填空题

（1）_____器件是目前通用变频器中广泛使用的主流功率器件。

（2）变频器按变换环节可分为_____型和_____型变频器。

（3）变频器按照滤波方式分_____型和_____型变频器。

（4）三相鼠笼式交流异步电动机主要有_____、_____、_____三种调速方式。

（5）变频器输入控制端子分为_____端子和_____端子。

（6）变频器主电路由整流及滤波电路_____和制动单元组成。

（7）变频调速时，基频以下调速属于_____调速，基频以上属于_____调速。

（8）变频调速系统中禁止使用_____制动。

（9）变频器的 PID 功能中，P 指_____，I 指_____，D 指_____。

（10）变频器的控制方式主要有_____控制、_____控制、_____控制。

2. 选择题

（1）变频器主电路由整流及滤波电路、（　　）和制动单元组成。

　　A. 压电路　　　　　B. 电路　　　　　C. 制电路　　　　　D. 大电路

（2）变频器都有段速控制功能，MM420 变频器最多可以设置（　　）段不同运行频率。

　　A. 3　　　　　　　B. 5　　　　　　　C. 7　　　　　　　D. 15

（3）MM420 变频器设置上限频率的功能码是（　　）。

　　A. P1058　　　　　B. P1059　　　　　C. P1080　　　　　D. P1082

（4）MM420 变频器，参数中以字母 P 开头的是（　　）参数。

　　A. 监控　　　　　　B. 功能　　　　　C. 故障　　　　　D. 报警

（5）为了避免机械系统发生谐振，变频器采用设置（　　）的方法。

　　A. 基本频率　　　　B. 上限频率　　　C. 下限频率　　　D. 回避频率

（6）变频器的节能运行方式只能用于（　　）控制方式。

　　A. V/f 开环　　　　B. 矢量　　　　　C. 直接转矩　　　D. CVCF

（7）正弦波脉冲宽度调制英文缩写是（　　）。

　　A. PWM　　　　　B. PAM　　　　　C. SPWM　　　　　D. SPAM

（8）MM440 变频器要使操作面板有效，应设参数（　　）。

  A. P0010＝1   B. P0010＝0   C. P0700＝1   D. P0700＝2

  (9) MM440 变频器操作面板上的显示屏幕可显示(　　)位数字或字母。

  A. 2   B. 3   C. 4   D. 5

  (10) 电网电压频率 50Hz,若电动机的磁极对数 $p＝2$,则该电动机的旋转磁场转速为(　　)r/min。

  A. 1000   B. 1500   C. 2000   D. 3000

3. 判断题

  (1) 变频器矢量控制模式下,一只变频器可以带多台电动机。   (　　)

  (2) 直接转矩控制是直接分析交流电动机的模型,控制电动机的磁链和转矩。

                                  (　　)

  (3) 变频器与外部连接的端子分为主电路端子和控制电路端子。   (　　)

  (4) 变频器可以用变频器的操作面板来输入频率的数字量。   (　　)

  (5) 通过外部电位器设置频率是变频器频率给定的最常见的形式。   (　　)

  (6) 数字电压表可以测量变频器的输出电压。   (　　)

  (7) 上限频率和下限频率是指变频器输出的最高、最低频率。   (　　)

  (8) 跳跃频率也叫回避频率,允许变频器连续输出。   (　　)

  (9) 点动频率是指变频器在点动时的给定频率。   (　　)

  (10) 变频器与电动机之间的连接线越长越好。   (　　)

4. 简答题

  (1) 变频器为什么要设置上限频率和下限频率?

  (2) 变频器的回避频率功能有什么作用? 在什么情况下要选用这些功能?

  (3) 变频器为什么具有加速时间和减速时间设置功能? 如果变频器的加、减速时间设为 0,启动时会出现什么问题? 加、减速时间根据什么设置?

  (4) 三相异步电动机变频调速系统有何优缺点?

  (5) 为什么变频器的输入端与输出端不允许接反?

  (6) 一般的通用变频器包含哪几种电路?

  (7) 如果变频器的加、减速时间设为 0,启动时会出现什么问题?

  (8) 变频器的保护功能有哪些?

  (9) 为什么要把变频器与其他控制部分分区安装? 变频器的信号线和输出线都采用屏蔽电缆安装,其目的有什么不同?

  (10) 为什么变频器的通、断电控制一般均采用接触器控制?

  (11) 可否用万用表测量变频器的输出电压?

  (12) 变频器输出的是什么波形?

5. 实操训练题

  (1) 试设计变频器为 7 段速运行,每个频率段由端子控制。已知各段速频率分别为 6Hz、21Hz、11Hz、31Hz、41Hz、－31Hz、－41Hz。电动机额定电压 380V,额定电流 0.39A,频率 50Hz,转速 1400r/min,上升时间 5s,下降时间 5s,请设置功能参数并画出接线图。

（2）请完成交-直-交变频器的主电路图。

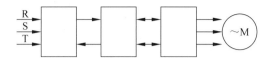

（3）试写出 MM420 变频器基本操作面板（BOP）上的按钮功能。

显示/按钮	功　　能	显示/按钮	功　　能
ｒ0000		Fn	
◎		P	
◎		▲	
◎		▼	
jog			

（4）MM420 变频器外接端子控制可逆运转及电位器调速，该电动机 Y 形连接；$U_N=380V$，$I_N=0.39A$，$P_N=0.06kW$，试写出 MM420 变频器的参数设置并画出接线图。

（5）① 利用变频器外部端子实现电动机的正反转及点动控制，设置 DIN1 为点动控制，DIN2 为正转，DIN3 为反转，加减速时间为 5s。要求点动运行的频率为 10Hz，正转频率为 20Hz，反转频率为 30Hz。画出外部接线图，写出参数设置。

② 利用变频器的基本操作面板（BOP）实现电动机的正反转及点动控制，按 BOP 面板上的键控制电动机运行的频率。写出参数设置。

（6）利用 PLC 和变频器联机控制实现电动机的延时控制，按下正转按钮，电动机延时 10s 后正向启动，运行频率为 25Hz，电动机加速时间为 8s。电动机正向运行 30s 后，自动反向运行，运行频率为 25Hz，电动机反向运行 50s，电动机再正向运行，如此反复。在任何时刻按下反转按钮电动机都会反转，按下停止按钮电动机停止。画出 PLC 和变频器联机接线图，写出 PLC 程序和变频器参数设置。

（7）联机控制实现电动机 7 段速频率运转。7 段速设置分别为：

第 1 段输出频率为 5Hz。

第 2 段输出频率为 −10Hz。

第 3 段输出频率为 15Hz。

第 4 段输出频率为 20Hz。

第 5 段输出频率为 −30Hz。

第 6 段输出频率为 −10Hz。

第 7 段输出频率为 25Hz。

画出 PLC 和变频器联机接线图，写出 PLC 程序和变频器参数设置。

拓展提高练习题

1. 选择题

(1) 变频器的节能运行方式只能用于( )控制方式。

    A. V/f 开环   B. 矢量   C. 直接转矩   D. CVCF

(2) MM420 变频器操作面板上的显示屏幕可显示( )位数字或字母。

    A. 2   B. 3   C. 4   D. 5

(3) 高压变频器指工作电压在( )kV 以上的变频器。

    A. 3   B. 5   C. 6   D. 10

(4) 正弦波脉冲宽度调制英文缩写是( )。

    A. PWM   B. PAM   C. SPWM   D. SPAM

(5) 对电动机从基本频率向上的变频调速属于( )调速。

    A. 恒功率   B. 恒转矩   C. 恒磁通   D. 恒转差率

(6) ( )不适用于变频调速系统。

    A. 直流制动   B. 回馈制动   C. 反接制动   D. 能耗制动

(7) 为了适应多台电动机的比例运行控制要求,变频器设置了( )功能。

    A. 频率增益   B. 转矩补偿   C. 矢量控制   D. 回避频率

(8) 为了提高电动机的转速控制精度,变频器具有( )功能。

    A. 转矩补偿   B. 转差补偿   C. 频率增益   D. 段速控制

(9) MM440 变频器,参数中以字母 P 开头的是( )参数。

    A. 监控   B. 功能   C. 故障   D. 报警

(10) MM420 变频器频率控制方式由功能码( )设定。

    A. P0003   B. P0010   C. P0700   D. P1000

(11) 变频器种类很多,其中按滤波方式可分为电压型和( )型。

    A. 电流   B. 电阻   C. 电感   D. 电容

(12) MM420 变频器要使操作面板有效,应设参数( )。

    A. P0010＝1   B. P0010＝0   C. P0700＝1   D. P0700＝2

(13) 变频调速过程中,为了保持磁通恒定,必须保持( )。

    A. 输出电压 V 不变   B. 频率 f 不变

    C. V/f 不变   D. $V \cdot f$ 不变

(14) 在 V/f 控制方式下,当输出频率比较低时,会出现输出转矩不足的情况,要求变频器具有( )功能。

    A. 频率偏置   B. 转差补偿   C. 转矩补偿   D. 段速控制

(15) 高压变频器指工作电压在( )kV 以上的变频器。

　　A. 3　　　　　　　　B. 5　　　　　　　　C. 6　　　　　　　　D. 10

(16) 目前,在中小型变频器中普遍采用的电力电子器件是(　　)。

　　A. SCR　　　　　　B. GTO　　　　　　C. MOSFET　　　　D. IGBT

(17) MM420 变频器设置下限频率的功能码是(　　)。

　　A. P1058　　　　　B. P1059　　　　　C. P1080　　　　　D. P1082

(18) 变频器的节能运行方式只能用于(　　)控制方式。

　　A. V/f 开环　　　　B. 矢量　　　　　C. 直接转矩　　　　D. CVCF

(19) 三相异步电动机的转速除了与电源频率、转差率有关,还与(　　)有关系。

　　A. 磁极数　　　　　B. 磁极对数　　　C. 磁感应强度　　　D. 磁场强度

(20) 对于晶体管输出型 PLC,要注意负载电源为(　　)V,并且不能超过额定值。

　　A. AC 380　　　　　B. AC 220　　　　C. DC 220　　　　　D. DC 24

(21) 静止式变频器从结构上分为交-交变频器和交-直-交变频器;从电源性质上分电压源型和电流源型变频器。实际应用中,大部分的变频器为(　　)。

　　A. 交-直-交 PWM 电压源型变频器　　B. 交-直-交电流源型变频器

　　C. 交-交电压源型变频器　　　　　　　D. 交-交电流源型变频器

(22) 在 SPWM 逆变器中主电路开关器件较多采用(　　)。

　　A. IGBT　　　　　B. 普通晶闸管　　C. GTO　　　　　　D. MCT

(23) FR-A700 系列是三菱(　　)变频器。

　　A. 多功能高性能　　　　　　　　　　B. 经济型高性能

　　C. 水泵和风机专用型　　　　　　　　D. 节能型轻负载

(24) 变频器输出侧技术数据中,(　　)是用户选择变频器容量时的主要依据。

　　A. 额定输出电流　　　　　　　　　　B. 额定输出电压

　　C. 输出频率范围　　　　　　　　　　D. 配用电动机容量

(25) 变频器常见的频率给定方式主要有操作器键盘给定、控制输入端给定、模拟信号给定及通信方式给定等,来自 PLC 控制系统的给定不采用(　　)方式。

　　A. 键盘给定　　　　　　　　　　　　B. 控制输入端给定

　　C. 模拟信号给定　　　　　　　　　　D. 通信方式给定

(26) 变频调速时电压补偿过大会出现(　　)的情况。

　　A. 负载轻时,电流过大　　　　　　　B. 负载轻时,电流过小

　　C. 电动机转矩过小,难以启动　　　　D. 负载重时,不能带动负载

(27) 变频器的干扰有电源干扰、地线干扰、串扰、公共阻抗干扰等。尽量缩短电源线和地线是竭力避免(　　)。

　　A. 电源干扰　　　　　　　　　　　　B. 地线干扰

　　C. 串扰　　　　　　　　　　　　　　D. 公共阻抗干扰

(28) 西门子 MM440 变频器可通过 USS 串行接口来控制其启动、停止(命令信号源)及(　　)。

　　A. 频率输出大小　　　　　　　　　　B. 电动机参数

　　C. 直流制动电流　　　　　　　　　　D. 制动起始频率

(29) 变频器的控制电缆布线应尽可能远离供电电源线,(　　)。

  A. 用平行电缆且单独走线槽　　　　　　B. 用屏蔽电缆且汇入走线槽

  C. 用屏蔽电缆且单独走线槽　　　　　　D. 用双绞线且汇入走线槽

(30) 变频器有时出现轻载时过电流保护,原因可能是(　　)。

  A. 变频器选配不当　　　　　　　　　　B. V/f 比值过小

  C. 变频器电路故障　　　　　　　　　　D. V/f 比值过大

(31) 不变的情况下,变频器出现过电流故障,原因可能是(　　)。

  A. 负载过重　　　　　　　　　　　　　B. 电源电压不稳

  C. 转矩提升功能设置不当　　　　　　　D. 斜坡时间设置过长

(32) 设置变频器的电动机参数时,要与电动机铭牌参数(　　)。

  A. 完全一致　　　　　　　　　　　　　B. 基本一致

  C. 可以不一致　　　　　　　　　　　　D. 根据控制要求变更

(33) 变频器一上电就过电流故障报警并跳闸,此故障原因不可能是(　　)。

  A. 变频器主电路有短路故障　　　　　　B. 电动机有短路故障

  C. 安装时有短路故障　　　　　　　　　D. 电动机参数设置有问题

(34) 网电压正常情况下,启动过程中软启动器欠电压保护动作。此故障原因不可能是(　　)。

  A. 欠电压保护动作整定值设置不正确　　B. 减轻电流限幅值

  C. 电压取样电路故障　　　　　　　　　D. 晶闸管模块故障

(35) 变频器运行时过载报警,电动机不过热。此故障可能的原因是(　　)。

  A. 变频器过载整定值不合理、电动机过载

  B. 电源三相不平衡、变频器过载整定值不合理

  C. 电动机过载、变频器过载整定值不合理

  D. 电网电压过高、电源三相不平衡

(36) 西门子 MM420 变频器参数 P0004=3 表示要访问的参数类别是(　　)。

  A. 电动机数据　　　　　　　　　　　　B. 电动机控制

  C. 命令和数字输入输出　　　　　　　　D. 变频器

(37) 变频电动机与通用感应电动机相比其特点是(　　)。

  A. 低频工作时电动机的损耗小　　　　　B. 低频工作时电动机的损耗大

  C. 频率范围大　　　　　　　　　　　　D. 效率高

(38) 电动机的启动转矩必须大于负载转矩。若软启动器不能启动某负载,则可改用的启动设备是(　　)。

  A. 采用内三角接法的软启动器　　　　　B. 采用外三角接法的软启动器、

  C. 变频器　　　　　　　　　　　　　　D. 星-三角启动器

2. 判断题

(1) 变频器在控制三相异步电动机时只改变输出频率。　　　　　　　　　　(　　)

(2) 变频器的逆变模块是由大功率可控硅构成的。　　　　　　　　　　　　(　　)

（3）过流检测保护电路是由电流取样、信号隔离放大、信号放大输出三部分组成。
（　　）

（4）逆变电路的功能是将交流电转换为直流电。（　　）

（5）恒转矩负载的大小不仅与负载轻重有关，和转速也有关系。（　　）

（6）恒功率负载，其功率基本维持不变，与转速无关。（　　）

（7）风机通常使用 V/f 控制。（　　）

（8）电压型变频器多用于不要求正反转或快速加减速的通用变频器中。（　　）

（9）整流电路的功能是将直流电转换为交流电。（　　）

（10）MM420 变频器设置上限频率的功能码是 P1082。（　　）

（11）变频器由微处理器控制，可以实现过电压/欠电压保护、过热保护、接地故障保护、短路保护、电动机过热保护等。（　　）

（12）变频器的参数设置不正确，参数不匹配，会导致变频器不工作、不能正常工作或频繁发生保护动作甚至损坏。（　　）

（13）变频器主电路逆变桥功率模块中每个 IGBT 与一个普通二极管反并联。
（　　）

（14）软启动器具有完善的保护功能，并可自我修复部分故障。（　　）

3. 综合训练题

（1）用 PLC 控制通用变频器六段速及正、反向点动控制系统。

规定用时：60min。

① 工艺控制要求。

a. 交流变频调速系统采用数字量输入端口操作运行状态，控制方式采用线性 V/f 控制方式。

b. 交流变频调速系统六段固定频率_____运行由 PLC 程序通过一个按钮循环控制，六段固定频率_____运行要求为：第一段转速为正向 450r/min；频率为_____Hz；第二段转速为正向 1100r/min；频率为_____Hz；第三段转速为正向 300r/min；频率为_____Hz；第四段转速为反向 800r/min；频率为_____Hz；第五段转速为反向 1250r/min；频率为_____Hz；第六段转速为反向 250r/min；频率为_____Hz。电动机从 0 到 450r/min（同步转速）加速上升时间为 3s，从 250r/min（同步转速）到 0 减速下降时间为 2s。

c. 正向和反向点动由 PLC 程序通过正、反向点动按钮控制，正向点动转速为 180r/min（同步转速），反向点动转速为 180r/min（同步转速），点动上升时间为 20s，点动下降时间为 15s。

② PLC 编程、交流变频调速系统参数设置及通电调试。

按上述六段速及正、反向点动控制等工艺控制要求编写 PLC 程序、变频器设置参数清单、设置参数及调试运行，达到上述控制要求，将结果向考评员演示。

③ 操作要求。

按照完成的工作是否达到了全部或部分要求，由考评员按评分标准进行评分。在规定的时间内不得延时。

（2）三相异步电动机变频多段转速运行控制。

时间：60min。

根据给定要求，设计三相异步电动机变频多段转速运行控制，并进行调试运行。

运行指令来源采用外控端子控制。接通运行指令，电动机反向启动，转速上升至50％运行25s，转速升至额定转速运行20s，正向转速60％运行30s，反向转速40％运行25s，转速升至80％运行25s，正向转速20％运行20s，反向转速70％运行30s，转速降至30％运行20s，减速至零后运行停止。

① 画出运行曲线。

② 编制功能指令代码表。

③ 接线调试运行：根据电动机的额定功率设置好变频器的相应参数，接线调试运行。

（3）PLC和变频器联机控制实现电动机的延时控制。

时间：60min。

控制要求：利用PLC和变频器联机控制实现电动机的延时控制，按下正转按钮，电动机延时10s后正向启动，运行频率为25Hz，电动机加速时间为8s。电动机正向运行30s后，自动反向运行，运行频率为25Hz，电动机反向运行50s，电动机再正向运行，如此反复。在任何时刻按下反转按钮电动机都会反转，按下停止按钮电动机停止。

① 画出PLC和变频器联机接线图。

② 写出PLC程序和变频器参数设置。

③ 接线调试运行。

（4）PLC和变频器联机控制实现电动机的延时控制。

时间：60min。

控制要求：利用MM420变频器外部输入端子，实现电动机正反转控制及调速，要求用数字量输入端口实现电动机正反转控制，模拟量输入信号可改变电动机运转频率，使电动机能够平滑运转。

① 画出PLC和变频器联机接线图。

② 变频器参数设置。

③ 接线调试运行。

附录1 希腊字母表

序号	大写	小写	英语音标注音	英文注音	汉字注音
1	A	α	/ˈælfə/	alpha	阿尔法
2	B	β	/ˈbiːtə/ 或 /ˈbeɪtə/	beta	贝塔/毕塔
3	Γ	γ	/ˈgæmə/	gamma	伽玛/甘玛
4	Δ	δ	/ˈdeltə/	delta	得尔塔/岱欧塔
5	E	ε	/ˈepsɪlon/	epsilon	埃普西龙
6	Z	ζ	/ˈziːtə/	zeta	泽塔
7	H	η	/ˈiːtə/	eta	伊塔/诶塔
8	Θ	θ	/ˈθiːtə/	theta	西塔
9	I	ι	/aɪˈəutə/	iota	埃欧塔
10	K	κ	/ˈkæpə/	kappa	堪帕
11	Λ	λ	/ˈlæmdə/	lambda	兰姆达
12	M	μ	/mjuː/	mu	谬/穆
13	N	ν	/njuː/	nu	拗/奴
14	Ξ	ξ	希腊 /ksi/ 英美 /ˈzaɪ/或/ˈsaɪ/	xi	可西 /赛
15	O	o	/əuˈmaikrən/或 /ˈɑmɪkrɑn/	omicron	欧(阿～)米可荣
16	Π	π	/paɪ/	pi	派
17	P	ρ	/rəu/	rho	柔/若
18	Σ	σ, ς	/ˈsɪgmə/	sigma	西格玛
19	T	τ	/tɔː/ 或 /tau/	tau	套/驼
20	Y	υ	/ˈipsɪlon/或 /ˈʌpsɪlon/	upsilon	宇(阿～)普西龙
21	Φ	φ	/faɪ/	phi	弗爱/弗忆
22	X	χ	/kaɪ/	chi	凯/柯义
23	Ψ	ψ	/psaɪ/	psi	赛/普赛/普西
24	Ω	ω	/ˈəumɪgə/或 /ouˈmegə/	omega	欧米伽/欧枚嘎

附录 2　MICROMASTER 420 变频器的故障报警信息

故　　障	引起故障可能的原因	故障诊断和应采取的措施	反应措施
F0001 过电流	(1) 电动机的功率与变频器的功率不匹配； (2) 电动机的导线短路； (3) 有接地故障	(1) 电动机的功率 P0307 必须与变频器的功率 P0206 相匹配； (2) 电缆的长度不得超过允许的最大值； (3) 电动机的电缆和电动机内部不得有短路或接地故障； (4) 输入变频器的电动机参数必须与实际使用的电动机参数相对应； (5) 输入变频器的定子电阻值 P0350 必须正确无误； (6) 电动机的冷却风道必须通畅,电动机不得过载： ① 增加斜坡时间； ② 减少提升的数值	Off2
F0002 过电压	(1) 直流回路的电压 r0026 超过了跳闸电平 P2172； (2) 由于供电电源电压过高或者电动机处于再生制动方式下引起过电压； (3) 斜坡下降过快或者电动机由大惯量负载带动旋转而处于再生制动状态下	(1) 电源电压 P0210 必须在变频器铭牌规定的范围以内； (2) 直流回路电压控制器必须有效,P1240 正确地进行了参数化； (3) 斜坡下降时间 P1121 必须与负载的惯量相匹配	Off2
F0003 欠电压	(1) 供电电源故障； (2) 冲击负载超过了规定的限定值	(1) 电源电压 P0210 必须在变频器铭牌规定的范围以内； (2) 检查电源是否短时掉电或有瞬时的电压降低	Off2
F0004 变频器过温	(1) 冷却风机故障； (2) 环境温度过高	(1) 变频器运行时冷却风机必须正常运转； (2) 调制脉冲的频率必须设定为默认值； (3) 冷却风道的入口和出口不得堵塞； (4) 环境温度可能高于变频器的允许值	Off2

续表

故　　障	引起故障可能的原因	故障诊断和应采取的措施	反应措施
F0005 变频器 过温	（1）变频器过载； （2）工作/停止间隙周期时间不符合要求； （3）电动机功率 P0307 超过变频器的负载能力 P0206	（1）负载的工作/停止间隙周期时间不得超过指定的允许值； （2）电动机的功率 P0307 必须与变频器的功率 P0206 相匹配	Off2
F0011 电动机 过温	（1）电动机过载； （2）电动机数据错误； （3）长期在低速状态下运行	（1）检查电动机的数据应正确无误； （2）检查电动机的负载情况； （3）提升设置值 P1310、P1311、P1312 过高； （4）电动机的热传导时间常数必须正确； （5）检查电动机的过温报警值	Off1
F0041 电动机 定子电阻自 动检测故障	电动机定子电阻自动检测故障	（1）检查电动机是否与变频器正确连接； （2）检查输入变频器的电动机数据是否正确	Off2
F0051 参数 EEPROM 故障	存储不挥发的参数时出现读写错误	（1）进行工厂复位并重新参数化； （2）更换变频器	Off2
F0052 功率组 件故障	读取功率组件的参数时出错或数据非法	更换变频器	Off2
F0060　Asic 超时	内部通信故障	（1）确认存在的故障； （2）如果故障重复出现请更换变频器	Off2
F0070 CB 设 定值故障	在通信报文结束时不能从 CB 通信板接收设定值	（1）检查 CB 板的接线； （2）检查通信主站	Off2
F0071 报文结束 时 USS RS-232 链路无数据	在通信报文结束时不能从 USS BOP 链路得到响应	（1）检查通信板 CB 的接线； （2）检查 USS 主站	Off2
F0072 报文结束 时 USS RS-485 链路无数据	在通信报文结束时不能从 USS COM 链路得到响应	（1）检查通信板 CB 的接线； （2）检查 USS 主站	Off2
F0080 ADC 输 入信号丢失	（1）断线； （2）信号超出限定值	检查模拟输入的接线	Off2
F0085　外　部 故障	由端子输入信号触发的外部故障	封锁触发故障的端子输入信号	Off2
F0101 功率组 件溢出	软件出错或处理器故障	（1）运行自测试程序； （2）更换变频器	Off2

故　　障	引起故障可能的原因	故障诊断和应采取的措施	反应措施
F0221 PID 反馈信号低于最小值	PID 反馈信号低于 P2268 设置的最小值	(1) 改变 P2268 的设置值； (2) 调整反馈增益系数	Off2
F0222 PID 反馈信号高于最大值	PID 反馈信号超过 P2267 设置的最大值	(1) 改变 P2267 的设置值； (2) 调整反馈增益系数	Off2
F0450 BIST 测试故障	(1) 有些功率部件的测试有故障； (2) 有些控制板的测试有故障； (3) 有些功能测试有故障	更换变频器	Off2

附录3 维修电工高级工西门子变频器操作技能考试卷

考试题目：用 PLC、西门子变频器设计一台组合机床钻头的运行控制系统，并调试。

本题分值：100 分。

考核时间：210min。

考核要求：

1. 控制要求

该组合机床的钻头工作时有两种工作方式，用一个开关控制，开关不闭合时工作在方式 A，开关闭合时工作在方式 B。

（1）在工作方式 A 时，按下启动按钮，电动机从 SQ1 以 30Hz 频率开始向前运行，碰到 SQ2 时以 10Hz 频率向前运行，碰到 SQ3 时电动机停止 5s 后以 50Hz 频率向后返回，碰到 SQ1 时停止在原位，完成一次工作流程。

（2）在工作方式 B 时，按下启动按钮，电动机从 SQ1 以 30Hz 频率开始向前运行，碰到 SQ2 时以 10Hz 频率向前运行，到 SQ3 时电动机停止 5s 后以 10Hz 频率向后返回，当返回碰到 SQ2 时电动机停止 5s 后以 10Hz 频率向前运行，再次碰到 SQ3 时，电动机停止 5s 后再次以 50Hz 频率向后返回，碰到 SQ1 时停止在原位，完成一次工作流程。

（3）要求有急停按钮、过载保护。

2. 硬件接线图

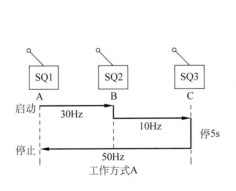

工作方式A

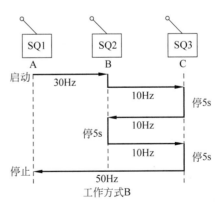

工作方式B

3. 变频器参数设置

序号	变频器参数	出　厂　值	设　定　值	功　能　说　明
1	P0304	230		电动机的额定电压(220V)
2	P0305	3.25		电动机的额定电流(0.35A)
3	P0307	0.75		电动机的额定功率(60W)
4	P0310	50.00		电动机的额定频率(50Hz)
5	P0311	0		电动机的额定转速(1430r/min)
6	P1000	2		固定频率设定
7	P1080	0		电动机的最小频率(0Hz)
8	P1082	50		电动机的最大频率(50Hz)
9	P1120	10		斜坡上升时间(10s)
10	P1121	10		斜坡下降时间(10s)
11	P0700	2		选择命令源(由端子排输入)
12	P0701	1		固定频率设一定值(二进制编码选择+ON命令)
13	P0702	12		固定频率设一定值(二进制编码选择+ON命令)
14	P0703	9		固定频率设一定值(二进制编码选择+ON命令)
15	P0704	0		反转
16	P1001	0.00		固定频率1
17	P1002	5.00		固定频率2
18	P1003	10.00		固定频率3
19	P1004	15.00		固定频率4
20	P1005	20.00		固定频率5
21	P1006	25.00		固定频率6
22	P1007	30.00		固定频率7

注：(1) 设置参数前先将变频器参数复位为工厂的默认设定值。

(2) 设定 P0003＝2,允许访问扩展参数。

(3) 设定电动机参数时,先设定 P0010＝1(快速调试),电动机参数设置完成,再设定 P0010＝0(准备)。

4. 变频器设置说明

(1) DIN1、DIN2、DIN3 接入＋24V 为接通,AIN＋接入＋10V 为接通。

(2) 当只有 DIN1 接通,DIN2、DIN3、AIN＋不接通,则电动机正转 30Hz。

(3) 当只有 DIN2 接通,DIN1、DIN3、AIN＋不接通,则电动机正转 10Hz。

(4) 当 DIN1 和 DIN2 同时接通,DIN3、AIN＋不接通,则电动机正转 50Hz。

(5) 当 DIN1 和 AIN＋同时接通,DIN2、DIN3 不接通,则电动机反转 30Hz。

(6) 当 DIN2 和 AIN＋同时接通,DIN1、DIN3 不接通,则电动机反转 10Hz。

(7) 当 DIN1 和 DIN2 和 AIN＋同时接通,DIN3 不接通,则电动机反转 50Hz。

5. 输入输出通道分配

类　别	元　件	端　子　号	作　用
输入			
输出			

6. 评分标准

序号	主要内容	考核要求	评分标准	配分	扣分	得分
1	电路设计	根据任务设计电路电气原理图,列出PLC控制输入输出口元件地址分配表,根据加工工艺,设计梯形图及PLC控制输入输出口接线图	(1) 电气控制原理图设计功能不全,每缺一项功能扣5分; (2) 电气控制原理图设计错,扣20分; (3) 输入输出地址遗漏或搞错,每处扣5分; (4) 梯形图表达不正确或画法不规范每处扣1分; (5) 接线图表达不正确或画法不规范每处扣2分	30		
2	设计和程序编写	根据控制要求,编写程序并正确录入,下载到PLC	(1) 系统控制流程错误,每处扣1分; (2) 不会熟练操作PLC键盘输入指令扣2分; (3) 不会用删除、插入、修改、存盘等命令,每项扣2分	20		
3	参数设定与系统调试	按照被控设备的动作要求进行变频器参数设定与模拟调试,达到设计要求	(1) 参数设置和仿真试车功能不全,每缺一项功能扣10分; (2) 仿真试车不成功扣40分; (3) 不按PLC控制输入输出接线图设计,每处扣5分	40		

续表

序号	主要内容	考核要求	评分标准	配分	扣分	得分
4	安全文明生产	劳动保护用品穿戴整齐,电工工具佩带齐全,遵守操作规程,尊重考评员,文明礼貌,考试结束要清理现场	(1)考试中,违犯安全文明生产考核要求的任何一项扣2分,扣完为止; (2)考生在不同技能试题中,违反安全文明生产考核要求同一项内容的,要累计扣分; (3)当考评员发现考生有重大事故隐患时,要立即予以制止,并每次扣考生安全文明生产5分	10		
		合　计		100		
开始时间:			结束时间:			

附录 4　常用 IGBT 型号及参数表

管子型号	最高耐压/V	最大电流/A	管内是否含有二极管
20N120CND	1200	20	有
K25T120	1200	25	有
G40N150D	1500	40	有
5GL40N150D	1500	40	有
G4PH50UD	1500	40	有
GT40Q321	1300	40	有
GT40T101	1000	40	无
G40T101	1000	40	无
GT40T301	1300	40	无
ZQB35JA	1500	35	有
G30P120N	1200	30	无
GPQ25101	1000	25	有
GT15J101	1000	15	无
GT8Q101	1200	8	
GT8Q191	1900	8	有
GT50J101	1000	50	无
GT50J102	1000	50	无
GT50J301	1300	50	无
GT60M104	1000	60	无
GT60M301	1300	60	无
GT75AN-12	1200	75	无
15Q101	1000	15	有
25Q101	1000	25	有
80J101	1000	80	无
JHT20T120	1200	20	有
SKW15N120	1200	30	
SKW25N120	1200	25	有
IRG4PC40U	600	40	
IRG4PH40UD2-E	1200	41	
IRG4PH50UD	1200	45	
IKW25T120	1200	50	
SKW15N120			
CT60AM-18F	900	60	
CT90AM-18	900	60	
GT8Q101	1200	8	

续表

管 子 型 号	最高耐压/V	最大电流/A	管内是否含有二极管
GT25Q101	1200	25	
GT15Q101	1200	15	
GT15Q102	1200	15	无
GT25Q102	1200	25	无
GT25Q301	1200	25	有
GT40Q322	1200	39	
GT60N321	1500	60	
GT40T301	1500	40	有
GT40T101	1500	80	无
GT40Q321	1200	42	
GT40Q323	1200	39	
GT40Q301	1500	40	
GT50J301	600	50	
GT30J322	600	30	
GT50J122	600	60	
GT60J323	600	60	
GT50J322	600	50	
1MBH50-060	600	50	
1MBH50D-100	1000	50	
1MBH25-120	1200	25	
1MBH60-100	1000	60	
1MBH25D-120	1200	25	
1MBH60D-100	1000	60	
1XDP20N60B(D1)	600	20	
1XGH45N120	1200	45	
1XDH35N60B(D1)	600	45	
1XGH15N120B	1200	15	
1XDH20N120(D1)	1200	25	
1XGH35N120B	1200	35	
1XDH30N120(D1)	1200	38	
1XGH16N170A	1700	16	
1XDN55N120(D1)	1200	62	
1XGH24N170A	1700	24	
1XDH60N60B2(D1)	600	60	
1XGH32N170A	1700	32	
HGTG5N120BND	1200	21	
HGTG18N120BND	1200	50	
HGTG10N120BND	1200	35	
FGA15N120AND	1200	24	
HGTG11N120CND	1200	43	
FGA25N120AND	1200	40	
FGA25N120ANTD	1200	25	

参 考 文 献

[1] 董慧敏.电力电子技术[M].哈尔滨：哈尔滨工业大学出版社,2012.

[2] 王玉梅.电动机控制与变频调速[M].北京：中国电力出版社,2011.

[3] 龙章眷.PLC与变频器在自动恒压供水设备中的应用[J].科技信息,2007(3).

[4] 刘大铭,沈晖.基于PLC的变频调速恒压供水系统设计[J].宁夏工程技术,2006(3).

[5] 张国强.全自动变频调速恒压供水系统设计与探讨[J].科技资讯,2006(25)：233-234.

[6] 陆秀玲.PLC控制的恒压供水系统[J].自动化仪表,2005(4).

[7] 张静之.电力电子技术[M].北京：机械工业出版社,2010.

[8] 陶权,吴尚庆.变频器应用技术[M].广州：华南理工大学出版社,2007.

[9] 姚锡禄.变频器技术应用[M].北京：电子工业出版社,2009.

[10] 杨公源.常用变频器应用实例[M].北京：电子工业出版社,2006.

[11] 郑忠杰,吴作海.电力电子变流技术(第2版)[M].北京：机械工业出版社,2011.

[12] 黄家善,王廷才.电力电子技术[M].北京：机械工业出版社,2006.